植物博物学讲义

LECTURES
ON NATURAL HISTORY
OF PLANTS

马克平——主编

北京大学出版社
PEKING UNIVERSITY PRESS

图书在版编目（CIP）数据

植物博物学讲义/马克平主编. 一北京：北京大学出版社，2020.9
ISBN 978-7-301-31520-0

Ⅰ.①植⋯ Ⅱ.①马⋯ Ⅲ.①植物学—博物学 Ⅳ.①Q94②N91

中国版本图书馆CIP数据核字（2020）第149690号

书　　　名	植物博物学讲义	
	ZHIWU BOWUXUE JIANGYI	
著作责任者	马克平 主编	
责 任 编 辑	郭　莉	
标 准 书 号	ISBN 978-7-301-31520-0	
出 版 发 行	北京大学出版社	
地　　　址	北京市海淀区成府路205 号　100871	
网　　　址	http://www.pup.cn	新浪微博：@ 北京大学出版社
微信公众号	通识书苑（微信号：sartspku）	科学元典（微信号：kexueyuandian）
电 子 邮 箱	编辑部 jyzx@pup.cn	总编室 zpup@pup.cn
电　　　话	邮购部 010-62752015　发行部 010-62750672　编辑部 010-62707542	
印 刷 者	北京九天鸿程印刷有限责任公司	
经 销 者	新华书店	
	787毫米×1092毫米　16开本　14.75印张　250千字	
	2020年9月第1版　2024年9月第3次印刷	
定　　　价	69.00元	

前　言

　　本书是一部讲义，主要依据中国国家标本资源共享平台（National Specimen Information Infrastructure，简称NSII）于2018年10月主办的一期面向普通公众的"植物博物学研讨培训班"的授课和实习材料编写。我们很清楚，相关内容还很不成熟，之所以公开出版讲义，是想为今后的研讨、培训活动提供材料，也借此机会向社会各界征询意见，不断完善，推动中国的生物多样性保护和自然保护工作。

　　许多人会有疑问：为何称植物博物学？研讨培训班的学员为何是普通公众而不是与植物学有关的研究人员？

　　植物学（botany）是一门自然科学或多门自然科学的组合；博物学（natural history）算不算自然科学还有争议，暂且不把它算作自然科学，但显然它与自然科学有交叉，有些人物也是重叠的，比如林奈、达尔文、利奥波德、E.O. 威尔逊同时是伟大的博物学和生物学家。博物学在世界各地都有悠久的传统，其历史显而易见比自然科学的历史要久远。自然科学的历史也能追溯到古希腊、中世纪，但坦率地说，近代以前没有现在意义上的自然科学，但博物学的历史追溯到古希腊就没有任何问题，塞奥弗拉斯特（Theophrastus）是西方植物研究之父，他是哲学家、博物学家。从古代到现在，博物学相对平稳地发展着，为人们的衣食住行提供了具体的帮助。长远看，博物学对于天人系统可持续生存仍将扮演重要角色。

　　随着分科之学的发达，博物学自19世纪中叶达到顶峰后就开始走下坡路，如今高等院校通常不再直接开设博物类课程，带有博物字样的研究机构也几乎不存在。博物学的式微某种意义上有其必然性，博物学宏观层面的探究方式已经无法满足现代社会发展的需要。但是，在发达国家中，博物学从来没有消失过，现在还相当繁荣。许多博物馆、环境保护组织都有博物学的背景。有着广泛民众基础的公民博物学对于改善人们的日常生活、对于环境监测和生物多样性保护，均发挥着不可替代的作用。博物学也在社会公众与艰深、专业化的科学之间建立了界面友好的桥梁。

博物学与当下流行的公民科学（civil science）、自然教育（nature education）等有某种相似性，但也有相当的区别。一个显著区别便是，博物学至少有两千年的历史，在漫长的历史过程中连绵不断，稳定发展着。而后两者只是近期针对某类现实问题而发展出来的新领域，其历史不足 50 年。有着悠久传统的博物学与自然科学关系更加紧密，生物学、地质学、生态学、保护生物学就是从博物探究中诞生的，同时博物学的使命感又不那么强烈，观念并不激进，因此，复活博物传统反而更加可靠，有更多历史、文化、认知资源可以使用。

推进环境监测、生物多样性研究与保护、生态文明建设，仅仅靠自然科学是不够的，古老的博物学可以发挥相当大的作用。自然科学的门槛越来越高，普通人不可能都成为科学工作者，研究所和大学也不可能雇用大批普通公众。但是公众可以成为博物学家，他们在本职工作之外可以自愿拿出足够多的时间，日复一日、年复一年地观察、体验、记录、探究身边的大自然，了解物种、环境与生态的细微变化，此类活动既是一种休闲也是一种认知，对参与者自己的身心健康有好处，同时可为进一步的科学研究积累数据，为公共决策提供必要的参考。

最近几十年，博物学在全球范围都有复兴的迹象，对其相关的历史、哲学、社会学研究非常多，比如著名的文集《博物学文化》《博物的世界》，以及文献汇编《博物学史》，媒体上的博物类节目琳琅满目、寓教于乐。国内近期也出版了大量博物题材的图书，深受读者欢迎。但也有一些问题，比如我国严重缺乏针对本地区的动植物手册，近年来情况有所改善，但公民的博物活动仍然受到限制；百姓的业余文化生活需要适当引导，许多对博物感兴趣的人不知道如何入手、如何提高。

人类从属于大自然。博物学包含的内容很丰富，如植物、大型动物、鱼类、昆虫、蘑菇、河流、星空、岩石、生态系统等，可以不夸张地讲，总有一款适合你。其中植物是百姓最容易接触到的自然物，在生物多样性研究中也是最基本的，因此植物博物学可以优先发展起来，我们的研讨培训班也正是基于这样的考虑而取名的。植物博物学并不排斥动物的内容，实际上传粉过程就是植物与动物互动的典型，而这是博物学的经典题材。条件成熟后，我们也可以办动物博物学、昆虫博物学、菌物博物学的相关研讨培训。

培训，是想通过短期的集中授课、研讨来分享信息和经验，开拓思路，提升境界，带动更多人投身其中。培训也是互相学习的好机会。博物学向科学学习，这毫无问题，同时科学也应向博物学学习，更加关注"生活世界"和横向联系。学员来自四面八方、不同领域，学员间的交流也十分重要。交流可以取得 $1+1 > 2$ 的非加和效应。

培训的具体目的包括：帮助学员了解博物学的历史和前沿学术动态，掌握必要的理论和操作技巧，立足家乡提高在地观察、探究水平，通过文字和影像等多种手法表现本地的生物多样性，推动本地的物种辨识、物种数据积累，从而为生态环境保护贡献力量，为生态文明和美丽中国建设服务。

我们经验不足，目前的讲义存在诸多不足，我们很想得到有效的反馈，以便改进相关工作。

在本书即将付梓之际，我们要特别感谢北京大学刘华杰教授倾心投入植物博物学研讨培训班的策划和授课，并感动于他全身心推动博物学在中国发展的热诚和努力。感谢学员们的积极参与和重要贡献，感谢中国科学院植物研究所肖翠对研讨培训班的组织和本书的编辑所付出的有效努力。

编　者

目　录

第一章　博物学简史与当下博物学的定位

很高兴在中国国家标本资源共享平台（NSII）主办的"首届植物博物学研讨培训班"上向学员介绍古老的博物学。非常感谢马克平老师对古老博物学的重视。

博物学史的内容非常丰富，在此不可能什么都涉及。这里会侧重植物，选择若干有针对性的主题来讨论。

一、从"科"说起

现在，学术进入了分科时代。分科、分工之下人人是专家也是"奴隶"。现代科学是分科之学的典范，不专不偏难以成为科学家。博物学在整个人类文化当中也是一种分科之学，但分得没有那么厉害。博物学一点儿也不神秘，长期以来它是人们感受、了解大自然的一种基本方式。

就从"科"说起吧，不过此科非彼科。先瞧一眼 PPT 封面上的几种植物的果实、种子（图 1-1）。能猜出这些植物所在的"科"吗？大概有一点点难度。它们分别是山榄科刺榄属滇刺榄（*Xantolis stenosepala*）、夹竹桃科奶子藤属闷奶果（*Bousigonia angustifolia*）、桃金娘科拟香桃木属嘉宝果（*Myrciaria cauliflora*）、猕猴桃科猕猴桃属伞花猕猴桃（*Actinidia umbelloides*）、山茶科核果茶属叶萼核果茶（*Pyrenaria diospyricarpa*）。对于北方的学员，可能只有猕猴桃科的这种容易瞧出来。桃金娘科的这一种刚引进中国不久，是作为水果出现的。其实我跟大家一样，一开始也辨别不了它们，也不知道它们的学名，更不知道叶萼核果茶学名的变化情况。

对于植物爱好者（不管是科学意义上的还是博物学意义上的）来说，"科"（familia/family）是一个比较好的单位。因为某一个地区植物的"科"数不会太

图 1-1　山榄科、夹竹桃科、桃金娘科、猕猴桃科和山茶科的几种果实、种子。

多，比如北京地区只有一百多个，全中国也只有三百多个，全世界也才四百多个。从理论上说，正常情况下，在公园、校园和旅行途中应当听到人们聊起植物的某某科而不是某某种。植物"属"的数量和"种"的数量都太大且划分得比较"精致"，初学者难以把握，一开始不必为见到的某植物是什么属什么种而较劲。对栽培植物更要小心，不要轻易谈种或栽培变种（因为来源复杂），日常语言意义上的谈论除外。相反，遇到一种植物，能够辨识它所在的"科"，十分紧要而且切实可操作，有适当的智识含量，也不算很难。对百姓，包括多个级别的爱好者，"科"是一个不大也不小的"筐"，把植物先正确地放到筐里是重要的一步，经历此过程，可以从宏观上感受大量植物之间的相似性和差异性。确定了所在之"科"，想进一步查资料也方便了许多，至少知道到植物志书中的哪一卷去找。

　　现在经常说起植物的某个科，实际上"科"的概念在博物学史、植物学史中确立得比较晚。致力于研习植物博物学的朋友，有必要适当关注植物文献学、植物学史。博物学家、植物学家林奈的作品中并没有现在"科"的概念，他用到的分类阶元最主要的是属和种。可以保险地说，直到《植物种志》出版的 1753 年，植物学界还没有发展出现代意义上"科"的概念。那么一百年后呢？也没有。长期以来，"自然目"（ordo naturalis）的地位大概与"科"相当。裕苏（Antoine Laurent de Jussieu，1748—1836）算是比较正式地引入"科"的人，但直到他去世那年"科"的概念也没有流行起来。查看林德利（John Lindley，1799—1865）（图 1-2）1836 年的《植物学的自然系统》第 2 版、1841 年的《结构、生理、系统及药用植物学纲要》可知，现代"科"的概念仍未出现。（Lindley，1836，1841）咸丰八年（1858 年）李善兰参与编译的《植物学》依据了林德利的教科书但可能不限于他的书，中文《植物学》第 8 卷标题就是"分科"，开篇便讲："植物共分三百有三科，外长类二百三十一科，内长类四十四科，上长类三科，通长类十一科，寄生类十四科。今略译最著者若干科，为初学入门之助云。"其中的"类"（class）对应于"纲"。德堪多（A.P. de Candolle）分出 4 纲，林德利 1836 年采用 5 纲分法，1841 年又提出 8 纲分法。无论分出多少纲，其中我们熟悉的双子叶纲和单子叶纲两者都是最重要的部分。在"纲"之下，李善兰等人的《植物学》没有讲"目"，而是讲"科"，当时与"科"对应的英文词不是现在的 family，而是 order。第一个科便是"伞形科"，然后是绣球科、唇形科、蔷薇科。（韦廉臣等，2014/1858）林德利转述德堪多的体系时，介绍的前几个科（order，相当于后来的 family）分别是毛茛科、番荔枝科、防己科、小檗科。

图 1-2 英国博物学家、兰科专家林德利，他开创了现代植物学教学方式。1858 年中国第一部现代意义上的植物学作品《植物学》就是主要参照他的著作翻译过来的。

1858 年（在下一年 A. 洪堡去世、达尔文发表了《物种起源》）汉语中虽然有了"科"，但当时对应的并不是含义清晰的、普遍使用的概念。那时植物学共同体并未就"科"是什么而达成一致意见。实际上，差不多又过了半个世纪，到 19 世纪末 20 世纪初，"科"的概念才被广泛认同。1906 年植物命名法规通过，"科"才有了现在的含义。即使到了 21 世纪的今天，"科"的概念依然在变化、调整，有兴趣者可以跟踪 APG 和 PPG 的演化（刘冰等，2015）。"科"对于现在的植物博物学爱好者来说，是最基本的概念，反而比"属""种"更重要，应当首先通过实例加深认识。

顺便提一句，经常会遇到一些爱好者或叶公好龙者打探植物的名字。有这个积极性固然好，但也要讲究程序。对于修炼植物博物学的爱好者，第一个建议是：认植物从餐桌开始！把每顿饭桌子上所见各种植物所在的"科"先确认一下，比如"今日中午食茄科4种、蔷薇科2种、伞形科1种"。久之，必有收获。第二个建议是：在网上打听植物名称，一次询问不要超过两种（多了会显得没有诚意，白白浪费他人的时间），并且要尽可能地提供充分的信息（时间、地点、清晰的照片）。打听具体名字之前要想办法知道"科"，如果还不知道，不宜问"种"。

今日的植物学科学已经成为一个庞大的体系，植物分类学只是其中一个分支，而且地位远不如从前。无论植物学，还是动物学、地质学、菌物学、生态学、保护生物学，都与古老的博物学有关，都是从它缓慢演化而来的。

刚才讲座开篇就借一张图片而说起关于"科"的故事，人们可能有疑问：这明明是植物学或者植物学史的内容，跟博物学有什么关系？不借用博物学的字眼，不是照样能够叙述而且可能叙述得更好吗？

的确，这种质疑看起来很有道理。我先不急于辩解。只需提及，正是在19世纪，博物学变得十分辉煌甚至浪漫，之后开始衰落。讲述18—19世纪的科学史故事，博物学不可缺席。林奈、裕苏、拉马克、达尔文、华莱士、林德利、E. H. 威尔逊、缪尔、E. 迈尔、J. S. 赫胥黎等，确实都是博物学家，现在或许被一些人忘记了。他们也有别的身份，而博物学家无疑是首要的。为什么被遗忘？这是一个好问题，听我讲完，也许就能回答这个疑问。

今日自然科学是缓慢演化而来的，修习理工科的人容易厚今薄古，评价历史人物所作贡献时，也容易把以前的工作与当下教科书的叙述直接进行比较，测定它们的"距离"以评估古人有多高明和愚蠢。博物学家以前做的工作与现代教科书的内容相比，显得粗俗、肤浅、主观、混杂。这样作比较曾经很流行，是一种明显的辉格史（Whig history）做法，现在已饱受质疑。（巴特菲尔德，2012）但是，博物学的确是现代自然科学的一个传统，一个非常重要的传统，一个最古老的传统。

二、自然科学的四大传统

科学与社会在多层面紧密交织在一起，界面并不是欧氏几何的，社会中有科学，科学也有社会。我们谈论"自然科学"，其实只是鲁莽而又无可奈何地从交织的环境中暂时剥离出来一堆东西的一种简化叙事，科学并不外在于社会、文化。如今自然科学非常强大，强大到它有足够的理由藐视其他文化、认知方式。

与俨然铁板一块的初级想象不同，从横向和纵向上看，自然科学也有复杂的结构和演化过程。从横向看，各学科和领域间差别较大，数学化程度很不一样，申请经费难易程度不一。从纵向看，严谨、高深、强大的自然科学是缓慢演变而来的，经历了长远的过去，与各时代的经济、政治、社会、文化、信仰等相匹配形成了许多不同的传统。就知识产出的方式，可概括出四大传统：博物（natural history）、数理（mathematical model）、控制实验（controlled experiment）、数值模拟（numerical simulation）。它们产生时间有先后，现在整体上并存着。"它们是为方便地理解科学史而人为划分出来的理想类型，实际的科学史比这要复杂得多。"（刘华杰，2014a）当然，可以有不同的概括，可以有不同的划分方式，如英国科学史家皮克斯通（John V. Pickstone）在《认识方式》中主要谈了博物学、分析、实验、技科（techno-science）四种类型。（皮克斯通，2008）

现在看若干学科的例子，如植物分类学、行星天文学、计算流体力学、核物理学、凝聚态物理学、保护生物学。植物分类学是一门传统学科，与博物学关系十分紧密，它们共享了相当长的一段历史，植物分类学目前仍然有较强的博物色彩。但它也部分受控制实验（如植物生理、分子层面研究工作，DNA 条码）的影响，在数理和数值模拟方面表现不突出，我只知道有人从黄金分割、迭代函数系统（IFS）等方面考察植物的形态。大数据研究和人工智能无疑会越来越多地渗透到植物分类学当中。行星天文学早期的博物色彩较浓，后来数理成分加重，现在也大量使用数值模拟技术。但是对天体直接做可控实验这个不好办，科学家想了好多别的办法间接探测。计算流体力学诞生较晚，电子计算机发展到一定程度后才有这门学科，其中博物成分不多，可以忽略不计，控制实验成分也不多，但数理和数值计算这两者非常发达。核物理学不涉及博物的方面，在数理、控制实验上有较强的表现，后来又开始重视数值模拟。凝聚态物理学与核物理学相似，数理和数值计算上稍弱一点，但在控制实验上更强。保护生物学则比较特别，它在动机和视野上非常不同于其他科学，它与生态学、可持续发展研究关系更密切，它也努力吸收其他方面的成果，但无疑博物的成分较多。

四大传统各自产出的知识以及相关的方法论、自然观念具有不同的性质。博物传统的知识处于宏观层面，也可以说"肤浅"，但是它也非常实用。它尊重历史，注重普遍联系，相对而言更自然、更真实。博物探究也做简单的实验（如嫁接、人工传粉、传统育种），但并不过分干预大自然。这类知识导致的技术，操控力并不很强，对其他物种和大自然的伤害作用较小，可以做到人与自然协调演化。实践已经证明博物传统的探究和实践对于"天人系统"的演化而言是可持续的。数理传统的知识竭力刻画世界的数学结构，对系统的运行机制作出简化描述，从而有助于预测。预测，对于现代科学而言极为重要。对于相对简单的系统，这类方法自伽利略以来变得十分有效，以至于人们经常用数学化的程度来衡量一门学科的成熟程度。这样思考有一定道理，但不可过分。现实世界中许多系统依然无法数学化，而有些系统因为有较强的非线性，即使写出运动方程也依然很难处理，比如湍流、混沌。（雷舍尔，2007；布里格斯、皮特，2015）数理传统在19—20世纪力学、物理学中极为强势，但与控制实验、数值模拟相比并不具有明显优势，只能屈居第三位，仅仅排在博物传统之前。控制实验传统的知识是针对某个具体问题，人为圈定范围、斩断绝大部分外部联系、大大简化系统而得到的关于大自然局部因果关系和稳定特征的描述，从根本上说这类知识并不代表大自然的本来面目，但是在满足一定条件的情况下它具有可重复性，因而与"反事实条件句"相关联的"科学定律"被宣称为大自然的根本法则，被认为揭示了大自然的实际运行机制。这类知识并不具有自然性，是通过人为简化、干预自然过程而得到的结果。对于人这个物种而言，这类知识极其有用，因为只要设定条件，使之近似满足得出此知识的要求，当初概括出的"规律"就起作用。小到生产硫酸、提炼某种材料，大到超音速飞机、核武器、试管婴儿、转基因作物，都主要利用了这个传统的知识产出。控制实验因为非常深刻、极其有用，因而在现代性社会异军突起，迅速走红，受到广泛资助。生产力的传统定义是"人类征服自然和改造自然的能力"，可以想见，控制实验为此做出了相当大的贡献，它也让人这个物种飘飘然，感觉自己跟上帝差不多。数值模拟并不直接产生关于大自然的知识，而是先简化自然过程、建立可计算的模型，然后让机器按数学和逻辑规则进行运算，推演出种种可能性，展示虚拟实在。它自身除了单纯作为游戏和信息科学研究之外并无更大用途，但是若与前面的控制实验相结合，它就爆发出惊世骇俗的能力，让实体经济让位于网络经济，让人们感觉这个世界亦幻亦真、虚实难分，最终让这个世界从 A（原子）走向到 B（比特）。科学不在真空中运行，所有这四个传统最终都要面对大自然，都要依托大自然，没有自然环境的帮衬，人间科学奇迹也不可能发生。表 1–1 中展示了目前若干学科中四大传统的表现。

表 1–1　目前若干学科中四大传统的表现程度

	博物	数理	控制实验	数值模拟
植物分类学	+	–	○	–
地质学	+	–	○	–
气象学	○	○	–	+
昆虫学	+	–	○	–
传粉生物学	+	–	○	–
仿生学	+	–	○	–
动物行为学	+	–	○	–
行星天文学	○	+	–	–
分子生物学	–	–	+	○
生物信息学	–	+	–	+
生态学	+	○	○	–
保护生物学	+	–	–	–
计算流体力学	–	+	–	+
核物理学	–	+	+	○
凝聚态物理学	–	+	+	○
流行病学	+	○	○	+
网络工程学	–	+	○	+
脑科学	–	–	+	○

注："＋"表示较强，"○"表示一般，"－"表示较弱。有些学科已经完全不涉及博物，而有些依然包含博物，甚至在相当长的时间内也无法消除博物的色彩。

能不能概括出五大或者六大传统呢？没人反对，你也可以尝试一下。上述四大传统并非同时诞生并流行起来的，而是经历了一个过程。其中博物传统最古老，其他三个没法跟它相比。在图 1–3 中，我把四大传统产生早晚用"根"的

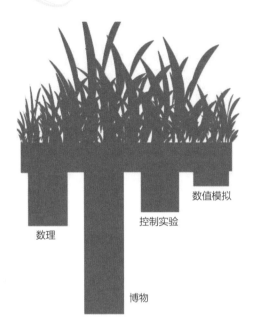

数值模拟

控制实验

数理

博物

图1-3 自然科学四大传统——博物、数理、控制实验、数值模拟示意图。其中博物传统最古老、根最深。

长短的形式展示出来。博物学的历史至少数千年，也可以说得更久些。博物传统的标志性成果是亚里士多德的《动物志》、其大弟子塞奥弗拉斯特的《植物研究》、老普林尼的《博物志》、林奈的《植物种志》、A. 洪堡的《宇宙》、达尔文的《物种起源》、E.O. 威尔逊的《蚂蚁》。数理传统在古希腊阿基米德那里也有，但一般不从那时算，而是从伽利略时代算起，即从16、17世纪算起，历史大约400年左右。伽利略去世那年（1643年）牛顿出生，从牛顿去世（1727年）算起到2018年也就291年。数理传统的标志性成果为伽利略的《对两门新科学的讨论和数学演证》、牛顿的《自然哲学之数学原理》、麦克斯韦的方程组、爱因斯坦的相对论。控制实验传统的历史跟数理传统的历史差不多，稍短一点点，可用250～300年来估计。此传统的标志性成果有牛顿棱镜分解白光实验、沃森和克里克的DNA双螺旋结构、吴健雄验证弱相互作用宇称不守恒、巴普洛夫条件反射实验、密立根测量电子电荷、巴丁和布拉顿研制半导体三极管。最后的数值模拟传统则非常短，它是从第二次世界大战以后才发展起来的，有赖于冯·诺伊曼、图灵的理论和数值计算机的发明，到现在也就70多年的历史。数值模拟传统的标志性成就有数值天气预报普遍应用、模拟核试验、阿尔法狗轻松战胜人类棋手。可以放心地预测：控制实验传统和数值模拟传统会得到进一步加强，人类对大自然的局部支配能力也会随之增强。

300年或400年时间很长吗？对于人类的历史来说，不长，相反短得很。放在历史长河中、拉远了看，都是一个点。可是人类的现代科技，相当程度上是在如此短的时间内发展出来的。今日的量子力学、核武器、登月工程、微电子产业、转基因技术、人工智能、人体增强技术等都仿佛是一瞬间从瓶子里冒出来的。通常教育界这样看：这几百年虽然短，却是人类智力大发展的时期，科学革命和产业技术创新让人类认识事物背后机制的"智识"能力和"操纵"世界的能力空前增长。这期间产生了无数的知识、技术，作为个体无论如何学也学不完。而且此时学界与产业界依然在不断地"制造"新知识、新技术。很难想象，再过300年人类会如何、地球会如何。实际上，从来就没人准确地预测未来。科学哲学家波普尔给出一种论证：要预测未来，光有现在的理论、知识是不够的，还需要用到目前还不知道的未来才能制造出的新知识，因而预测是不可能的。这是一个巧妙的说法，但并不神秘。其大意是，未来是开放的，我们生活在一个开放宇宙（波普尔有一部书就叫《开放宇宙》）中，"三个世界"之间也应当互相开放。

中国科学技术大学与复旦大学合作提出科学声望的测度方法，研究得出21世纪最有影响力的物理学家名单，前5名依次为爱因斯坦、普朗克、牛顿、帕斯卡和伽利略。据说该项研究基于Google Books（谷歌图书）的3600万本图书和Google Scholar（谷歌学术）的9000万篇学术论文，使用了57种不同的语言来测试科学家全名在谷歌语料库中出现的词频。不过，对于科学哲学家和科学史家来说，这种大数据统计工作虽然表面复杂，却是一种简单劳动，可能并不反映事物的根本。就科学方法的变革而言，伽利略的贡献要大于牛顿，牛顿的贡献要大于爱因斯坦，因此排序完全是倒过来的。这说的还只是物理学或者数理科学内部的事情，当然，在近代科学革命及产业革命中，数理科学起支配作用。假如不限于物理学，就整个自然科学进行声望排名调查，估计用上述统计和盖洛普调查，结果也基本上是爱因斯坦排第一，排序大概是爱因斯坦、图灵、沃森、牛顿，伽利略很可能排不上。这里会有亚里士多德、格斯纳、约翰·雷、林奈、布丰、A.洪堡、达尔文、E.迈尔、E. O.威尔逊吗？也许达尔文会入榜。这些博物学翘楚都难以排上座次，其他博物学家就更无人问津了。

包括植物分类学、动物行为学、生态学、保护生物学、鱼类学、鸟类学、地衣学、冰川学等在内的博物类科学，在今日的自然科学体系中，地位都不怎么高。这些领域的科学家撰写的论文影响因子一般也不高，虽然他们写一篇论文可能更耗时间和精力。看看潘文石、吕植教授所做的保护生物学工作就知道了，他们要做许多田野调查，非常辛苦，论文的产出率不可能高，影响因子也比不上还原论科学论文。还原论科学主要与上述后三个传统有关。还原论是一种方法论，常与机械论自然观相伴随，指分解复杂现象，在更深入的层面探索事物的原因、机制，一般要采用较多的数学手段、实验手段、计算手段；从方法论上看要高度简化系统，建立模型、做可控实验。必须肯定，还原论科学非常深刻也极其有效，它是当今科学的主流范式。

三、博物语义、博物学家与西方博物学史

前面已经多次提到博物、博物学、博物学家，却没有给出界定。"博物"是中国古代对宏观层面探讨自然事物活动的一种指称。远的可追溯到河北人张华的《博物志》。张华在散文《鹪鹩赋》中生动描写过鹪鹩这种小鸟。文人用"博物有志张茂先""格物必博物，惭愧张茂先"不断提到张华。中国古代诗词中也时常提到博物两字："小隐嵩阳种德时，智能博物物皆归""仲尼博物""博物知本""博物君能继，多才我尚惭""博物烹龙""博物包九流"等。在实践层面，中国农耕文明更是不缺少博物的内容，博物类图书也非常多。（刘华杰，2015a：29—69）

在西方语言中，博物学对应的是 historia naturalis，相应的英文是 natural history，学者都清楚它是一个极其古老、沿用至今的词组。两个英文词都非常简单，但是意思并不是表面显示的那样。其中的 history 来自拉丁词 historia，而这个拉丁词来自希腊词 ιστορία，含义是探究、研究、记录、描述、分类。在两千多年的时间里，一大批 naturalists（即博物学家）在 natural history 题下所做的是对岩石、土壤、哺乳动物、昆虫、植物等的探究工作。他们不研究时间演化之历史问题。布丰之后的进化论（演化论）确实讨论动植物的历史，但那不是主流。即使承认那一纵向维度的 history，还有横向维度的 history。在汉语中相应的关键词是"探究"而不是"历史"，因此不宜译成"自然史"或者"自然历史"。实际上，现在英语中依然隐约可以看出 history 中"探究"的义项，比如大家熟知的霍金的作品 A Brief History of Time，现在翻译成《时间简史》，好像挺清楚的，其实追问一句：什么是时间的历史？汉语讲得通吗？英语讲得通吗？其实在英语中还是讲得通的，此书名的另一层含义是"对时间问题的一种简明研究"。我在多个场合讲了 natural history 的本来含义，有的人依然不相信，以为是编出来的，哪怕摆出希腊语英语词典的相应条目也不管用。也许引用当代科学家斯密德利（David J. Schmidly，1943— ）的文章会有说服力。斯密德利 1971 年获得动物学博士学位，为博物学家、动物学家，新墨西哥大学动物学教授，2007—2012

年任新墨西哥大学校长。他在《哺乳动物学》杂志上发表一篇文章 "What It Means to Be a Naturalist and the Future of Natural History at American Universities"，专门谈到 natural history 的意思（Schmidly，2005：449—456）："人们接触 natural history 的定义时，马上就碰到一个问题。这个问题是，natural history 中的 history 与我们通常设想的或日常使用的与'过去'相联的这个词，很少或者根本不搭界。当初用这个词时，history 意味着'描写'（即系统的描述）。以此观点看，natural history 是对大自然的一种描写，而博物学家（naturalist）则是那些探究大自然的人。这恰好是历史上人们对博物学的理解，本质上它是一种描述性的、解说性的科学。"

博物学的探究（history）不同于哲学的研究和科学（特别是数理科学）的研究，它是一种非常强调经验内容的宏观层面的研究。与哲学式研究相比它更重视经验材料和实证方法，也更关注史料积累、解释、纠错和引证；与现代经验科学相比，它不够深刻，也不够有力量。但不能说博物探究完全没用，实际上在人类历史的相当长时间内，这类探究十分管用。不过也得承认，它比较宏观、世俗，与迷信、常识、生活经验、民间智慧、地方性知识等关系更紧密一些。

这一点说清楚了，一些自然博物馆的名称翻译问题也就解决了。比如 American Museum of Natural History 不是什么美国自然历史博物馆，而是美国自然探究博物馆，可简译为美国自然博物馆。可以这样简译吗？当然，不信可以看看北京自然博物馆和上海自然博物馆的英文名。其实老一辈学者是清楚相关情况的，只是现在学过几天英语的年轻人太自信，才固执地坚持"自然历史"译法。从事博物学工作的人就叫博物学家，而不是"自然史家"，后者听起来像做历史研究的。对于博物学，也可以造一个新词，比如 bowuology。

历史上的知名博物学家非常多，几乎跟科学家一样多。比如中国的博物学家有：张华、郭璞、郦道元、贾思勰、孙思邈、贾耽、陆龟蒙、沈括、唐慎微、郑樵、朱橚、李时珍、徐霞客、李渔、吴其濬、钟观光、竺可桢、蔡希陶、王世襄、贾祖璋、周作人、叶灵凤、扎西桑俄等。更可以轻松列出一批外国的博物学家：亚里士多德、塞奥弗拉斯特、老普林尼、格斯纳、拉马克、约翰·雷、林奈、卜弥格、布丰、G.怀特、班克斯、A.洪堡、达尔文、华莱士、赫胥黎、梭罗、谭卫道（大卫神父）、缪尔、巴勒斯、法布尔、E.H.威尔逊（威理森）、普里什文、E.迈尔、阿达马、牧野富太郎、J.F.洛克、劳伦兹、卡森、古尔德、

E. O. 威尔逊、狄勒德、纳博科夫、艾登堡等。注意：他们不全是科学家！

西方古代有四位最出名的博物学家，也称学术四杰，他们分别是：

亚里士多德（384BC—322 BC），对动物颇有研究，著有《动物志》（Τῶν περὶ τὰ ζῷα ἱστοριῶν = Historia Animalium），大约研究了 500 种动物。

塞奥弗拉斯特（Theophrastus，约 371BC—约 287 BC），亚里士多德的大弟子，对植物很有研究，著有《植物研究》（Περὶ φυτῶν ἱστορία = Historia Plantarum）和《植物原因论》（Περὶ φυτῶν αἰτιῶν = De Causis Plantarum），大约研究了 500 种植物。

迪奥斯科瑞德（Pedanius Dioscorides，约 40—90），对草药有专门研究，著有 5 卷本《药物论》（Περὶ ὕλης ἰατρικῆς = De Materia Medica）。

老普林尼（Gaius Plinius Secundus = Pliny the Elder，23—79），百科全书作者，著有 10 卷 37 册《博物志》（Historia Naturalis）。

对于我们现在讨论的植物博物学来说，塞奥弗拉斯特最为重要，他是西方植物学之父。他的两部植物学著作应当译成中文。

西方博物学发展的历史讲一年也讲不完，在此只推荐五部易读的图书，比较专门性的著作不列。把它们阅读一遍，对博物学是什么就会有基本印象，跟别人聊起博物学不至于说太外行的话。

第一部是美国科学史家法伯写的《探寻自然的秩序：从林奈到 E.O. 威尔逊的博物学传统》（Finding Orders in Nature: The Naturalist Tradition from Linnaeus to E.O.Wilson）（Farber，2000），商务印书馆有中译本，译者是杨莎。此书简明、清晰，篇幅也不大，是了解近现代西方博物学发展的首要读物。

第二部是赫胥黎主编的《伟大的博物学家》（The Great Naturalists）（Huxley，2007），商务印书馆有中译本，译者为王晨。中文新版改名为《博物之旅》，收入一个三册套装盒中。此书图文并茂，形式相当精美，内容也比较丰富，从亚里士多德一直讲到华莱士。时间跨度比上一本大。不过此书在人物选择上有一点科学主义或精英主义的味道，一些极为重要的人文类或者阿卡迪亚型博物学家都没有选。此缺陷可由下一部书弥补。

第三部是安德森写的《探赜索隐：博物学史》（Deep Things out of Darkness: A History of Natural History）（Anderson，2013），2020 年由上海交通大学出版社出版中译本，译者为冯倩丽。此书人文色彩更浓，后面几章专门讨论了梭罗、阿伽西、格雷、缪尔、利奥波德和卡森等。

第四部是艾伦写的《不列颠博物学家：一部社会史》（*The Naturalist in Britain: A Social History*）（Allen，1994），正如副标题所提示的，它从社会史的角度展示了近现代博物学最为发达的英国的表现。上海交通大学出版社出版有中译本，译者程玺。艾伦的几部博物学文化著作都给人以启发，但比较难译。博物学不仅满足人们的认知需求，还满足了多方面的社会需求。《不列颠博物学家：一部社会史》信息量巨大，从中可以了解历史上许多博物学组织的创立与演变、伦敦林奈学会如何从博物学推广协会（Society of Promoting Natural History）变化而来、诸多博物学家之间的趣事、女性如何参与博物学、乔治三世如何安插三位热心的植物学家。此书可配合《博物罗曼史》（Philip Henry Gosse，*Romance of Natural History*）（图1–4）及《维多利亚博物浪漫》（Lynn L. Merrill，*The Romance of Victorian Natural History*）两书阅读，前者的中译本已由上海交通大学出版社出版，后者的中译本也将由中国科学技术出版社出版，前者也由程玺翻译，后者由张晓天翻译。

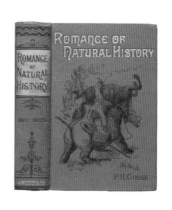

图1–4 戈斯的著名作品《博物罗曼史》英文版封面。中译本已由上海交通大学出版社出版，收录于"博物学文化丛书"中。

第五部是北京大学出版社2019年出版的《西方博物学文化》，刘华杰主编。这是中国人对西方博物学文化发展粗线条的尝试性描述，以响应1996年就已出版、后来在科学史领域产生巨大影响的著名文集《博物学文化》（*Cultures of Natural History*）（Jardine et al.，1996），同样不求全面，但对若干人物和主题有相对细致的讨论。

除此之外，关于G.怀特、林奈、A.洪堡、达尔文、梭罗、缪尔、卡森、E.O.威尔逊等著名博物学家，有不少传记可供阅读，少部分已有中译本，如上海科学技术出版社2006年引进出版的《大自然的猎人：生物学家威尔逊自传》（原书名就是*Naturalist*）、上海科学技术文献出版社2009年引进出版的《达尔文：自然之子》、商务印书馆2017年引进出版的《林奈传》（图1–5）、浙江人民出版社2017年引进出版的《创造自然：亚历山大·冯·洪堡的科学发现之旅》、三联书店2019年引进出版的《约翰·缪尔传：荒野中的朝圣者》、上海科技教育出版社2019年引进出版的《更遥远的海岸：卡森传》。传记提供的信息更立体、

图1-5 《林奈传》，布兰特著，徐保军译。这是目前中文世界能找到的对林奈介绍最多的一份资料。林奈的许多作品都值得翻译成中文。

图1-6 怀特纪念馆中的怀特蜡像。怀特是阿卡迪亚型博物学家中最杰出的代表，也是我们现在复兴博物学最应当学习的楷模。

多样，有助于人们了解相关博物活动得以展开的社会历史背景。关于中国的博物学家，也应当着手撰写一批传记。但因为缺少框架和研究积累，相关工作更难做。

四、帝国型博物和阿卡迪亚型博物

博物学有许多类型，按照环境史家沃斯特（Donald Worster）的思路，可以粗略分作帝国型和阿卡迪亚型。前者强调博物活动对国家经济、政治发展的直接作用，其代表人物是班克斯（Joseph Banks）、A.洪堡、达尔文、J. F.洛克，这种类型非常注重到远方、异域探险和收集，也常扮演帝国扩张和殖民的先锋。阿卡迪亚的意思是园林牧歌，因而后者更在乎乡村生活、地方性、人与自然的情感互动，不强调对大自然的过分开发与控制。任何一种博物学者都很重视经验事实的收集、整理，都在宏观层面对世界进行探索。

阿卡迪亚型博物，也可以称作人文型博物，此类型的代表人物是怀特（Gilbert White, 1720—1793）（图1-6）、梭罗、缪尔、卡森、斯奈德、狄勒德。西方博物学长久以来有着浓厚的人文关怀，这一点可以通过阅读希罗多德的《考察报告》（通常译作《历史》）、老普林尼的《博物志》、格斯纳的《动物志》、怀特的《塞尔彭博物志》、布丰的《博物志》、卢梭的《植物学通信》、梭罗的《瓦尔登湖》等感受到。这些作品既考察大自然本身，也关注

人与大自然的互动过程。书中除了讨论丰富的自然知识，也经常引用历史上人文作家的描写。人文型或阿卡迪亚型博物，与普通百姓关系最为密切，这一点很容易理解，因为从事这种博物活动，不需要大量资金和专门设备，个人完全能够负担得起所有花费。这种博物不是到异国他乡的短期考察，而是立足于本地，聚焦于社区、校园、公园、家乡、城市周边，进行数月数年的持续考察。通过这种博物，普通人能够了解自己的家乡，也能生发热爱和保护之情。1955年中国从苏联引进了一部书《研究自己的乡土》，现在看书中的具体知识点可能过时了，但是这部书的整体思想并未过时，标题也非常好。它强调的是普通人来研究自己生活于其中的有限范围的大自然。注意是普通人，包括你、我、他，不是特指专家、科学家。了解家乡的什么呢？山川、气象、岩石、土壤、物产、动物、植物、历史、人物、

图1-7　英格兰塞耳彭（Selborne）的怀特纪念馆，保留了18世纪的原貌，当年怀特就生活在这里。达尔文曾专程到这里"朝圣"。在伦敦从滑铁卢（Waterloo）乘火车向西南方向行驶到奥顿（Alton）下车，便可来到怀特的故乡塞耳彭。

图1-8　怀特院子中果树上生长的檀香科白果槲寄生（*Viscum album*）。

民间故事，包括环境生态、民间信仰、地方性知识等。

在当下的中国，两类博物学都需要复兴。对于帝国型，要鼓励年轻人跨出国门，胸怀全球，到世界各地探险，开展西方发达国家两三百年前就已启动的工作。中国已是世界第二大经济体，但是就博物这一侧面来讲，中国根本没有做到，差得太多太多。中国的标本馆仅有极少量的境外标本，中国人对世界的各个角落其实并不了解。这件事可在国家层面由政府推动，也可由民间财团和大企业推动。要做的工作非常多，长久以来几乎没有人来推动这件事，现在必须提上议事日程，中国的经济实力和知识储备已经达到走出去的阈值，所缺少的只是理念、视野。中国人应当了解北欧（林奈的家乡）、北美、亚马逊、非洲、两极、大洋洲的自然状况，大量出版关于世界各地自然物、风景、生态、当地人与自然关系的读物。就植物而言，中国人应当扩大眼界，从全球的视角考察野生与栽培植物，把中国植物的研究放在全球环境中审视、对比，比如要尽早出版与中国接壤国家和地区的植物志。说得更具体一点，中国应当结合一带一路，先把俄罗斯远东地区、朝鲜、韩国、日本（包括琉球）、缅甸、越南、哈萨克斯坦、蒙古等地的植物研究一番。未必一开始就专家组团进行严格、科学的研究，民间植物爱好者可以先行动起来进行较宏观、浅显的博物探究。中国的青少年，不但要了解东京、纽约、伦敦、柏林、巴黎这些大城市的购物商场、游乐场、大学，也宜多了解国外的乡村、荒野、动植物以及世界各地普通人的日常生活。

对于阿卡迪亚型博物，要鼓励人们从小做起，感受身边的自然世界，了解一日三餐的来源、食物的多样性与食品安全、环境的微妙变化，而认识基本的植物种类是一切一切的开端。榜样的力量是无穷的，修炼这类博物学，可向怀特学习。(Wolfshohl，1991) 达尔文这么厉害的博物学家也十分重视怀特，当年也特意到怀特的家乡塞耳彭(图1-9) 体验生活。怀特从牛津大学毕业后回到家乡塞耳彭当牧师，著述不多，影响却很大。他把对家乡的观察和故事以书信体的形式在《塞耳彭博物志》中展示出来，几百年来这部经典不断重印。大家有机会到伦敦，一定要到怀特的家乡瞧瞧，最好住上几天。"出伦敦，去西南，汉普郡，有山村。达尔文，来朝圣，巴勒斯，此致敬。塞耳彭，怀特住，乡村牧，好博物。威克斯，是其宅，花园前，横垂林。勤观鸟，详笔记，本南特，常通信。巴林顿，擅物候，引为友，天长久。集成册，传为典，两百年，旗在前。周作人，曾推介，叶灵凤，也响应。中文本，缪哲译，自而然，博而雅。品微言，悟大义，勿折腾，续生意。"

图 1-9　怀特家乡塞耳彭的田园风光，摄于 2010 年 1 月 30 日。怀特就是在这里撰写出了传世名著《塞耳彭博物志》，洛厄尔称之为"亚当在天国的旅行"。"因它确实是恬静之人的圣约：与世界、自身和睦相处，满足于深化他对于自己所在的一小片地球角落的了解，一个悬于完美的心智平衡之中的存在。"(艾伦，2017: 58—59)

有些人可能觉得，从现代科学的角度看，怀特写的东西并不高明，也不够吸引人，那可能是因为其自己没有进入状态，境界不够。就像阅读梭罗的《瓦尔登湖》，需要安静，需要想象力。"怀特的《塞耳彭博物志》经常引用老前辈约翰·雷（John Ray，1627—1705）的话，他们同属牧师—博物学家的行列。这种组合绝非偶然，博物学与自然神学（natural theology）形影不离，在花草、溪流背后，他们还实实在在感受到了一种超越性的存在。自此，在英伦，博物情怀和博物写作一发而不可收，到维多利亚时代，达到了顶峰。自然神学背景下的自然探索，与如今功利性的自然科学研究，有着根本性的差别。前者有内在自足的推动力，神在我心中，通过研究发现、解释、颂扬神的伟力，圣工表征着个体修炼的圆满；后者的推力却是外在的，一切要靠买家支付货币而兑现价值。前者认定这世界是精致、完美的，无须也不能随便改造，而后者的出发点就是对现实不满，'人定胜天'自然也就不是空穴来风。雷去世后两年，即1707年，世界上同时诞生了两位超级博物学大师，一个是瑞典的林奈，一个是法国的布丰。说起来，还真有点怪异。在数理科学界，也有神秘的伟人接续：伽利略1642年去世，牛顿1642年（按旧历算）出生。"（刘华杰，2011：154—156）

了解、实践阿卡迪亚型博物，第二个重要人物不能错过，他就是美国博物学家、林学家、环境伦理学家利奥波德（Aldo Leopold，1886—1948）（图1-10），他提出了一个伟大的想法：土地伦理。他的作品《沙乡年鉴》有许多种译本，《环河》最近也有了译本。读他的书，可以回答自己对现代社会价值观的许多疑惑，并找到努力的方向。"共同体""土地伦理"等绝对是新颖并令普通人、思想家、政治家震撼的概念。此处不可能展开阐述利奥波德的博物学、环境伦理学思想，列出他的若干格言供大家思索（Leopold，1989；利奥波德，1997；利奥波德，2017）：

"对我们这些少数派来说，能有机会看到大雁要比看电视更为重要，能有机会欣赏白头翁就如同言论自由一样，是一项不可剥夺的权利。"

"不经营农场，可能导致两种荒谬的精神体认：一种是误以为早餐来自杂货店，另一种是误以为热量来自火炉。"

"我们想象着工业支撑着我们，却忘记了什么在支撑着工业。"

"荒野是原材料，人类从中锻造出称作文明的东西。"

"我们滥用土地，是因为我们把土地视为属于我们的商品。倘若我们把土地

图1-10　美国博物学家、林学家、环境伦理学家利奥波德，主要作品有《沙乡年鉴》《环河》，他提出了著名的土地伦理思想。

视为我们也属于其中的某个共同体，那么我们就可能带着热爱和尊重来使用它。"（We abuse land because we regard it as a commodity belonging to us. When we see land as a community to which we belong，we may begin to use it with love and respect.）

"神圣的奥德塞从特洛伊战场回到家里，他用一根绳子吊死了家中的十多个女奴，因为他怀疑当他不在家时她们有不轨行为。吊死女奴这件事，无关乎正当与否的问题。这些女奴是他的财产。那时候，以及现在，对财产的处置都只涉及划算不划算的问题，不涉及正确与错误的问题。"

如果读者还有足够的兴趣，可以读约翰·雷的《造物中展现的神的智慧》，他是英国博物学之父、植物学之父。以前想读也读不到，现在可以了，因为熊姣首次译出了他的代表作，也可以配合熊姣的博士论文《约翰·雷的博物学思想》（上海交通大学出版社，2014）来了解约翰·雷。西方博物学与自然神学的重要关联，可能让一些人感到奇怪，其实很正常，就像西方科学与基督教有重要关联一样。当过大学校长的美国教育家查德伯恩（Paul Ansel Chadbourne，1823—1883）在 19 世纪出版过演讲集《自然神学十二讲》《博物学四讲》，现在都有中译本，不妨找来读读。

奥地利动物行为学家、诺贝尔奖获得者劳伦兹（Konrad Lorenz，1903—1989）的《所罗门的指环》《狗有家世》《文明人类的八大罪孽》，卢梭的《植物学通信》，哈斯凯尔的《看不见的森林》也都是相当不错的博物学作品。

五、林奈博物学方法论与植物命名方法

前面已提及，博物学史上两位重要人物在 1707 年出生，他们是瑞典的林奈（Carl Linnaeus ＝ Carl von Linné，1707—1778）和法国的布丰（Georges Louis Leclere de Buffon，1707—1788）。前者留下了《植物属志》《植物哲学》《植物种志》等，后者留下《博物志》（36+8=44 卷）。两人著作的风格迥异，都很重要。从科学界的眼光看，林奈更胜一筹，下面就说说林奈。但在此我的用意并不在于重复他的科学贡献，而在于回忆他的视野，特别是植物博物学方法论。今日复兴博物学，依然可以通过重温林奈的教导而获益。

林奈的确是博物学史、植物学史上最重要的人物之一，能跟他比肩的只有几个人，如亚里士多德、洪堡、达尔文、威尔逊。林奈本人也很自负，自比亚当，即认为自己为上帝的造物命名，扮演着亚当的角色。林奈并非单打独斗，斯腾恩（W. T. Stearn）曾说："在林奈方法的创立过程中，阿泰德（Petrus Artedi，1705—1735）做出的贡献应当与林奈的同样伟大。"阿泰德长林奈两岁，却在 30 岁就不幸去世了。

可以将林奈 1751 年的《植物哲学》（*Philosophia Botanica*）（图 1-11）与半个多世纪前牛顿 1687 年的《自然哲学之数学原理》（*Philosophiae Naturalis Principia Mathematica*）对比。那时"哲学"的含义与现在的不同。林奈很强调学术的历史传承，《植物哲学》中列出了之前的大量学者：古代 3 人，15 世纪 2 人，16 世纪 38 人，17 世纪 62 人，18 世纪 53 人（包括林奈本人），共计 158 人。另外列出学会 7 个。

1735 年林奈在《自然系统》（*Systema Naturae*）中插入一页博物学研究方法论，1736 年以《瑞典林奈方法论》（*Caroli Linnaei，Sveci，Methodus*）为名将

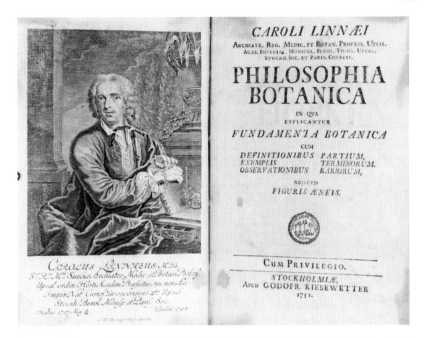

图1-11 林奈1751年出版的《植物哲学》扉页。其中"哲学"的含义与现在不同。此书包含12章365条，数字分别与一年的月数、天数一样，应该不是巧合。

其单独出版。斯密特（Karl P. Schmidt）和斯腾恩都非常重视这一简明的方法论纲要。在1738年出版的《克利福德花园》[*Hortus Cliffortianus*，林奈与埃雷特（G. D. Ehret）合著]一书中，林奈基本上遵循了他提出的方法论，但是在1753年出版的《植物种志》（*Species Plantrum*）中，由于讨论的内容过多，为节省时间、精力和篇幅，他并没有完全贯彻上述方法论，但背后的思想是一致的。这份简明的《瑞典林奈方法论》包含七部分内容：（1）名称；（2）理论；（3）属；（4）种；（5）性状；（6）用途；（7）文献。共计38条。1952年斯密特将拉丁文翻译成英文发表在《博物文献学会杂志》上。下面参照英文把这38条大致翻译出来，目的是了解林奈的用意和工作程序。

瑞典林奈方法论

I. 名称（Nomina）

1. 如果已有人描述过，给出作者所选属名和种名（注意林奈说的种名不同于现在意义的种名）；否则自己给出名字。

2. 列出所有重要系统学家给出的同义词。

3. 尽可能列出所有年长或者最新的一般作者给出的同义词。

4. 给出其俗名，并将其译成拉丁语。

5. 列出各种人给出的名字，特别是其希腊名。

6. 阐明所有属名的词源（参考 1—5）。

II. 理论（Theoria）

7. 依据不同的系统，分别讨论如何分类到纲（Classes）和目（Ordines）。

8. 对所论对象，阐述各系统学家是如何将其分类到属的。

III. 属（Genus）

9. 解释自然特征，列表展示所有可能的特征。

10. 给出根本（Essenticalis）特征，指出最具特色的特征。

11. 也要展示表面（Aritificialis）特征，以便区分作为单位在不同系统中所处的属（参考 7）。

12. 根据 9，解释上述 8 所论作者之思想何以错误。

13. 建立自然属（参考 9）。

14. 确证 13 中给出的属名或者 1 中选择的属名，阐述为何拒斥其他名字。

IV. 种（Species）

15. 就对象的所有外在部分，给出详细描述。

16. 列出在所建议的属（参考 13）中所有已知的种。

17. 比较 1 中所建议种与 16 中所列种的所有差异。

18. 保留重要的差异，其他的忽略掉。

19. 撰写种差，并完全解释博物学家在此过程中的每个用词。

20. 对所建议的种，列出所引用各作者对所有变种的描述。

21. 列出自然归属于这个种的真实变种，参照 15 条给出这样做的理由。

V. 性状（Attributa）

22. 描述萌发、生长、成熟季节，同时记述繁殖方式及萌发或孵化、衰老以及死亡的状况。

23. 阐明地点，给出地理区域和行政省。

24. 给出经纬度。

25. 描述气候和土壤。

26. （针对动物）解释食物、习性和性情。

27. 描述生物体的解剖结构，结合显微镜检视，要特别描述那些非凡特征。

VI. 用途（Usus）

28. 列出在不同人群中实际的和可能的经济用途。

29. 阐明作为食物的用法及对人体的功效。

30. 阐明其物理用途，如加工方式和可用作的部件。

31. 根据由分析而来的组成物质，阐明其化学用途。

32. 根据推理和经验阐明对不同疾病的药用效果。

33. 给出制药信息，描述使用部位、加工和配制方法。

34. 给出用药指导，指出最佳用法、用量和必要的危险提示。

VII. 文献（Literaria）

35. 采集人，记录时间和地点。

36. 报告有趣的和令人愉悦的历史传统。

37. 拒斥无稽的迷信。

38. 列出富有诗意的部分文献。

　　可以看出，林奈关于植物描述、分类给出了系统的方法。林奈的描述是多元、立体的，内容极为丰富。植物用途及"报告有趣的和令人愉悦的历史传统"，在后来的植物分类学中未得到应有的重视，药用植物学和民族植物学倒是关注这些。林奈的方法论恰好体现了博物学的特点：除了关注植物的形态，也关注植物产出的环境、人与植物的关系。

　　把大自然视作一个流动的、普遍联系的统一体，是许多博物学家进行自然探究的基本假定。A. 洪堡说："我总是竭尽全力地通过物体之间的普遍联系来理解它们，并将自然作为一个被内在力量驱动的整体加以呈现，这就是引导我前进的首要动力。如果不经热忱的努力获得各分支学科的知识，所有描画宇宙整体图景的尝试都只能是无用的空中楼阁。"（转引自赫胥黎，2015：247）这个假定与较高的真实性直接相关，当它与效率、精确、深刻发生矛盾时，博物学家则尽可能保持模型的真实性，毕竟宏观层面了解大自然、不追求对大自然的控制是博物学的基本信念。这与生态学实验所要求的基本原则一致。这样的真实性不是指结果的客观有效性，而是指实验结果真实反映了自然界中本来就存在的关系。从野外实验到混合实验再到实验室实验的序列中，真实性越来越小。生态学家设计研究方案，要在真实性、准确性和精确性之间进行综合权衡。（肖显静，2018）。

科学史上常讲林奈的两大贡献：性体系和双名法。其实两者是联系在一起的完整过程。林奈的博物学方法早就形成了，而且一以贯之。

1736 年林奈的《植物基础》（*Fundamenta Botanica*）包含 12 章 365 条格言。1751 年的《植物哲学》延续了这一形式，也包含 12 章 365 条。12 与 365 与一年的月数、天数相同，应该不是巧合。这与中国古代《神农本草经》上药、中药、下药"三品合三百六十五种，法三百六十五度，一度应一日，以成一岁"意思差不多，未必有更多道理，也不是迷信，可能主要在于有趣。

给植物命名看起来简单，实际上极为复杂。学者们用了数千年才总结出被普遍接受的"双名法"。古希腊大学问家亚里士多德在《范畴篇》和《形而上学》中描述了最初级的双词描述体系，通过对"属"的层层逼近，最终严格刻画"种"的本质。在亚里士多德那里，"属"不是一个等级，而是有不同的多个属级，大致对应于现在讲的纲、目、科、属；但他说的"种"只对应一个等级，非常基本，好似"原子"一般。西方人对"种"的基本性和不变性的强调，都与希腊哲人早期的探索有关。林奈把亚里士多德的思想发展到了现代形态，有了我们熟悉的属、种的概念，"双名法"在科学史上也牢牢打上了林奈的印迹。

博物学家林奈在 1751 年出版的《植物哲学》中指出："同一属内植物的属名必须用单一的词语表示。同属植物的属名必须相同"（第 215—216 条），"在设计出种名之前，属名必须先确定好，并保持不变"（第 219 条），"如果对一植物给出了一个属名和一个种名（注意不同于我们今日说的种名），那么就算给它完全命名了"（第 256 条），"一物种的合法名称应当区别于同属的所有其他植物"（第 257 条）。但是那时双名法并未达到现在的形态。到 1753 年林奈出版《植物种志》，通过对一个一个物种的描述，"双名法"的意思变得明显，但仍然与现代植物科学中讲的"双名法"有一定区别。世界植物学家大会不断修订命名法规，相应地对"双名法"的具体操作也给出一些限制，出版了各种版本的《国际植物命名法规》（2011 年之前）和《国际藻类、菌物和植物命名法规》，2014 年高等教育出版社还翻译出版了《解译法规：〈国际藻类、菌物和植物命名法规〉读者指南》，植物学家和植物爱好者应当仔细阅读这些书。

严格讲林奈说的"双名法"与现在的含义不一样。林奈的种名、物种名与现在命名法中的物种名非常不同，不能混淆。

林奈意义上的物种名（name of a species in Linnaean sense）是指包含属名（generic name，nomen genericum）在内的一串根本性特征描述，要使用多个单词。林奈意义上的种名（specific name in Linnaean sense，nomen specificum legitimum）也是指一串特征描述，相当于从上述"林奈意义上的物种名"中去掉属名后的文字，但也要包含多个单词，通常大于等于 3 个，有时中间还有标点。显然这与现在说的"种名"有相当的差异。

当代分类学意义上的种名（specific name）、物种名（name of a species）是一回事，皆指"属名"（generic name）加上"种加词"（specific epithet）再加上命名人的一个完整组合：

某植物的物种名 = 属名（genus name）+ 种加词（specific epithet）+ 命名人

其中种加词对应于林奈意义上的种小名（trivial name，nomen triviale，epitheton）。如果省略命名人的话，一个物种的学名一般只包含两个词：属名和种加词。

林奈在 1753 年的《植物种志》中以如下方式书写条目。版面上分几个区，从左到右、从上至下分别是：A 区——属内植物物种（林奈意义上的）标号。B 区——属名，用大写形式印出。C 区——种名（林奈意义上的）刻画，用多个小写词描述，其中甚至可能包含标点符号。D 区——种小名，相当于现在命名法中的种加词，但严格讲含义也有差别（这里不细讲），至少就地位来讲相当于现在学名中的第二部分。这一区在排版上非常特别，总是排在页面的外边缘。也就是说在单数页时它处于右侧，在双数页时它处于左侧。种小名处于版心之外，相当于页面中排边码的位置。这种排法可能是为了强调，也便于读者查询。E 区和 F 区等——用于新种描述或者已有种的引证，包括纠错等。

通过一个例子看看林奈《植物种志》的排版格式（Stearn，1957：82—83；543），这部书太重要了，人们应熟悉它的书写方式。在长瓣铁线莲属（*Atragene*，现在一般不用，归并为 *Clematis*）下有两个种：西伯利亚长瓣铁线莲（*Atragene sibirica*，现在学名变为 *Clematis sibirica*，中文名变为西伯利亚铁线莲）和好望角长瓣铁线莲（*Atragene capensis*）。

前者（*Atragene* 下第一个物种）A 区是属内物种标号 3。B 区是属名 ATRAGENE（长瓣铁线莲属），采用大写形式。C 区是林奈意义上的种名 foliis ternatis: foliolis tripartitis subserratis（叶三出：再分出三小叶），是对林奈种的根本特征的描写。D 区是种小名 sibirica（西伯利来的），相当于现代命名法中的种加词。E 区是分布地 *Habitat in Sibiriae subhumidis ubique*（分布：西伯利亚湿地）。F 区是形态描述 Caulis *sarmentosus*. Folia *opposita*，*ternata*，*subseerata; foliolis trifidis: lobo exteriore profundiore*. Flores *paniculati*，*rubri*，*pleni. Facies Aquilegiae stellatae*（茎：亚灌木。叶：对生，二回三出；小叶三出：小叶片深裂。花：总状，红色，双花。外形像星状耧斗）。其中林奈物种名 =B+C，林奈种名 =C。现在双名法的物种名相当于（只是相当于，并不完全等价于）B+D，也就是说提取了林奈的属名（B 区）和种小名（D 区），组成现在的学名，"种小名"这一说法也转变为"种加词"。CEF 等区的内容转化为对物种的广义描述了。现在的植物物种名是用"属名＋种加词"来界定的，各使用一个独立拉丁词，前者为名词，后者为形容词或名词。

对于属下第二个种，林奈在 ABCD 区之后给出两个同义词，占据上述 E 区的位置，引证了伯曼（Johannes Burman，1706—1779）的两份文献：一是《非洲珍稀植物》，二是《非洲植物名录》。此种情况，没有专门的形态描述。接着是 F 区，讲分布地，相当于上述 E 区的内容。林奈认为以前将其分为白头翁属（*Pulsatilla*）是不对的，纠正为长瓣铁线莲属（*Atragene*）。如今林奈的分类再次被纠正，属名变为银莲花属（*Anemone*），学名为 *Anemone capensis*，中文名为好望角银莲花。在植物分类学的历史上，这些变动经常发生，十分正常。每次变动在文献上都有据可查，并且名字要与实物（标本）锚定在一起。由此可以看出，一名全面的博物学家要一阶与二阶并举，集观察、采集、描述、命名、纠错于一体，是博物学文化的传承者和创新者。

现在讲的"双名法"对应的英文全称是 binomial or binary nomenclature，意

思是用两个拉丁词或拉丁化的词来描述一个物种（a species）。而林奈那时并没有强调两个词，实际上他用的并不是两个词，而是多个词！根据植物学界著名学者斯腾恩的解释，通常说的"双名法"用英文表达相当于double-term name-method。因此"双名法"的准确叫法应当是"双词命名法"。它强调的是"双词"而不是"双名"，实际上后面的那个词未必是名词。

六、当代博物学的定位：平行论

博物学有悠久的历史、博物学在历史上也繁荣过，这毫无问题，约翰·雷（John Ray）、林奈、班克斯（Joseph Banks）、A.洪堡、达尔文、阿加西（Louis Agassiz）、E.O.威尔逊等都认同自己是博物学家。1914年吴家煦（冰心）在《博物学杂志》创刊号上说："我敢大声疾呼以警告世人曰根本的学术者博物学是也。"1915年钱崇澍在《科学》杂志创刊号上评论道："根本的学术者，博物学是也。非真知灼见不能为此言。"那时候的说法不免有夸张的成分，并且彼时的博物概念比较泛，范围与"自然科学"不相上下。但不管怎么说，在民国时期的知识界，博物是有地位的，博物学教科书、博物学期刊杂志也有许多。（刘华杰，2012：223—257）

问题是现在怎么样？博物学和博物学家在哪里？教育部的学科目录中有博物学吗？回答是否定的。解释起来也相对容易，比如时代不同了，科技进步了，博物学已被淘汰出局。说得再细致点，便是博物学比较肤浅，用处不大。这些解释和判断自然有一定道理，但是并不完全有道理。美国动物学家、生态学家梅里厄姆（Clinton Hart Merriam，1855—1942）（图1-12）1893年就在《科学》杂志上抱怨"博物学家"这个词逐渐被"生物学家"取代的不利后果，"他们夸大了实验室方法的重要性，也歪曲了生物科学"（梅里厄姆，2012：110）。他还引用了赫胥黎公共讲座的句子："在乡间或者海边漫步就好像走在一个挂满杰出艺术品的画廊，一个没有经过博物学训练的人十有八九难以欣

图1-12　美国博物学家、鸟类学家、昆虫学家、民族志学者梅里厄姆。

赏这些'艺术品'，如果他懂一些博物学，就懂得如何欣赏大自然的杰作。在短暂的人生中，那些天真无邪的乐趣总是很少，我们没有理由抛弃博物学或者其他可以带给我们这些乐趣的东西。"梅里厄姆接着说："博物学让人有观察的兴趣和冲动，刺激智力的发育，从而有效地获取知识。简言之，熟知日常遇到的动植物，会激发我们内心对自然有更多认知的渴望和诉求；博物学会增加生活的乐趣，培养高尚的情操，让人人都能提升自己。"（梅里厄姆，2012：111）美国著名科学史家法伯（Paul Lawrence Farber）也高度评价了博物学家的使命："两个多世纪以来，博物学一直对生命科学极为重要，并且它的重要性仍在继续。今天，记录自然、理解其内在规律并构建一幅整体图景的必要性，仍像以往一样重要。博物学家们还有一个巨大的名录要完成，还有一幅广阔的图景要想象：这个名录和图景包括了那个独特的会反思的物种，智人（*Homo sapiens*），并且与它极为相关。"（法伯，2017：153—154）

不过，这些引文并不能提供有效论证，以表明保留博物学、大力发展博物学的必要性。相反，人们可以轻松地声称：当代其他科学比博物学能够更好地履行上述职责！或者说，博物学打打下手，帮帮忙还凑合，但不宜登上台面。经过大家的努力，博物学在国内最近又时常被提起，甚至有人看到了商机。目前许多人都关心博物学，博物学也的确可以在多个领域、行业、名义下进行操作。就名义而论，有科学、科普、公民科学、自然教育等可供选择。博物学真的就从属于其中的某一项吗？

在这一节中，我将提出一种完全新颖的看法，清楚地阐述博物学在当下和未来可能扮演的角色。博物学虽然与上述四种东西直接相关，但是不从属于任何一种。博物学的地位可能更应当像文学。

博物学探究的对象与自然科学研究的对象显然有相当多的重叠，研究方法上也有一些是一致的或者相通的，就探究后总结、传承的知识方面来看也有相当多的交叉。许多人想当然地以为，某物被另一物取代，一定是后者更好、更正确、更进步，前者为后者单纯提供着准备，因而博物学相当于前科学、准科学或者潜科学，通过科学才能全面解释博物学而不能反过来，经过纯化后的博物学只不过是自然科学的一个真子集。这种看法是片面的。某东西式微，另一种东西变得流行，有许多原因，最重要的背景与帝国扩张、资本增殖驱动、当代人向往美好生活以及不断强化的控制他人、他物的欲望有着密切联系。博物学探究的确不够深刻，但是有其特点、长处，并非完全可以为自然科学取代。省略细致论证，只需要瞧一眼当今发达国家中博物学在全社会的普遍流行，就可以得出结论，博物学在当代仍有自己的特别地位。但是的确有些事情改变了，比如博物学在正规教育中地位远不如从前，在外国与在中国几乎一样，从各级学校的学科目录和课程体系中几乎找不到博物字样。但是，在西方发达国家的社会中，博物学真的极其繁荣，参与者非常多，博物类书刊琳琅满目，博物类民间组织也十分发达。如英国的一家民间鸟类保护组织就有成员上百万。国内许多人一直强调中国要与国际接轨，好像人家的好东西我们都要学、都要有，那么为何不考察一下他们国家博物学的发展状况、适当学习呢？西方发达国家并非什么都好，但其博物学确实不错，我们国家适当学习肯定有益处。其实，中国历史上也一直有发达的博物学文化，目前得到普遍重视的国学却没有容纳足够多的博物内容，复兴博物学不是仅仅复兴西方博物学，而是指复兴各地多种多样的博物学。

考虑到博物学在 20 世纪主流学界开始明显衰微的事实，现在谈复兴博物学，需要厘清一些基本问题：①博物学与自然科学是什么关系？②复兴博物学的动机、目标是什么？③现在或未来博物实践的主体是谁？④战略上如何分步推动博物学复兴？⑤个体如何启动自己的博物人生？

这些问题中，最重要的是第一个，在博物学与自然科学的关系问题上需要有一个基本的判断。英国科学史家皮克斯通的观点是，把博物学包含到科学当中去，一方面这对于与分类有关的一些学科有必要性，另一方面对于改善科学事业的社会发展环境有好处。科学中包含了博物学，就等于在科学事务的争论中包含了更多的公众，这会让公众成为实际参与者，而非旁观者。（皮克斯通，2008：199）皮克斯通也清晰地认识到："一般说来，越关注复杂性和奇异性，就越得求助于博物学。"（Generally speaking then, the more we are concerned with complexity and singularity, the more we resort to natural history.）（Pickstone，2001：215）"可以确定一个化工厂的环境影响的唯一办法就是通过详细的监测。随之可以得出有关危害和益处的争论结果常常依赖'博物学'。"（皮克斯通，2008：206）皮克斯通试图通过对世界解读、博物学、分析、实验、技科五个环节，重新解释自然科学的历史，在此新解释中赋予博物学极其重要的地位。可以理解他的良苦用意，他试图通过纳入博物学而改变科学的公众形象，但是仍然不能赞成他的观点。把博物重新纳入自然科学体系，在还原论科学占据主流的今天，这只能是一种美好的愿望，基本上是一厢情愿。"这个问题我考虑了约十年，早先的想法与许多人一样，以科学为准绳，强调用博物学在多大程度上能够转化为科学来确定某种博物学的价值，后来发现这样做有问题，于是提出'适当切割说'。最近几年，看了更多的材料，细加思索，终于理顺了，正式提出'平行说'。也就是说，我现在判定，博物学与自然科学从来就是平行发展的，过去和现在如此，将来也一定如此。采用博物学编史纲领来做科技史研究，会进一步强化这一判断。"（杨雪泥、刘华杰，2017：33）相比于"从属论"和"适当切割说"，"平行论"或许更有吸引力（刘华杰，2017），能更好地解释大量史料。这里"平行"是什么意思呢？打个比方，从首都北京到河北石家庄，有两条高速 G4 和G5，大致平行延伸，其间也有许多联络，可想象 G4 和 G5 分别是博物学和自然科学。

博物学与自然科学，都不是一下子迅速成熟起来的，其近现代形象与早期的形象有较大差异。研究历史的人把近现代的现象向前追溯的根据是什么？主要是发生学、"遗传学"的关联。经过一番考察，自然科学的历史终究没有博物学的历史长，但这一点可以放下不议，就假定它们有同样长的历史，那么在一开始以及漫长的发展过程中，它们合二为一或者一个完全从属于另一个吗？恐怕不是这样。一种新颖但非常有道理的说法是：博物学与自然科学从来就是平行存在、发展的，现在虽然一大一小、一繁荣一衰微但依然并存着，将来也不大可能只剩下一个。（图 1-13）特别是，用"博物学从属于自然科学""博物学是自然科学的真子集"这样的想法解释，也不受双方欢迎，因为那样的话，科学界以为博物学借了自己的光，反过来博物学界也可能以为被矮化、被别人挤占了地盘。当然，有一些人可能例外，不排除有的博

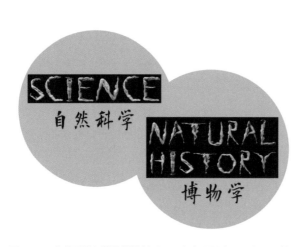

图 1-13　自然科学与博物学的关系。两者有明显交叉，但互不从属。历史上两者大致平行存在和发展。现在两者并存，将来也不大可能合二为一。

物学家、博物学爱好者真心努力向科学靠拢，就是希望成为科学家，走入神圣殿堂。对这些人可能要泼一点冷水：好的动机有可能是单相思。高处占主流地位的人说你做的像科学，有抬举、提拔之美意，勉强可行，而低处居边缘地位的人自己贴上去说所做的像科学或者是更好的科学之时，就有不自量力、自我邀奖之嫌，是可怜之举。面对前一种情况，自己应当保持清醒，对于美意低调感谢一下就罢了；出现后一种情况，千万别不知趣。实际上，逻辑关系明摆着，如果博物学是科学的真子集、其中有价值的部分最终都可以还原为科学，还要独立的博物学招牌何用？有自然科学一个招牌就足够了。

"平行论"的动机不在于鼓吹对立，并不想阻断历史上就广泛存在的交流，而在于强调差异，特别是职业差异。支持"平行论"绝对不意味着不向现代科技学习，相反，必须认真学习、利用，只是不能以科技为主导、为目标。19世纪以来，自然科学已经逐渐成为现代社会中一种非常重要的职业，社会学家韦伯（Max Weber）对此有专门论述。现在任何国家，不管体制如何，都得非常重视自然科学事业，为自然科学的职业化提供良好的运行土壤。其他学科根本不可能与自然科学这个特殊职业相提并论。历史上博物学、博物学家与科学、科学家有再多的交叉、重叠，也不能证明它们就是一回事或者前者从属于后者。此时，相对于自然科学主流地位，博物学必须承认自己的边缘角色。边缘不等于没用。

"平行论"能够开阔视野，明确博物学的"自性"，也可避免如"民科"（"民间科学家"）攀高枝引起的"行为艺术"效应。"民科"有独立探索的权利，更有权自娱自乐，但是当他们声称自己做的就是科学或者是更好的科学之时，就出现了矛盾。规则不支持"民科"的主张，实际上"民科"根本没有资格参与规则的制定。"民科"的"同行"是谁？"民科"的成果是否经过了"同行评议"？"民科"们无法有效回答这类问题，那么自己进入科学殿堂的入场券就始终拿不到。于是只好像怨妇一般满街吆喝，勤劳地也不讲礼貌地给所有可能的用户发送最新成果，甚至劫持媒体让人家报道自己的科学贡献。博物学要有未来，就不能学习"民科"那种做法。博物学家也分好多种，有专业学者也有业余爱好者。前者（人数相对少）可能本身也是标准的科学家，虽然地位不如数理、还原论科学家。后者（人数非常多）则不是科学家，甚至永远也不可能成为科学家。不能成为科学家，非常正常，也没有关系。想一想，科学或科学家不过是一种职业（极其重要的职业），这一职业不适合自己，完全可以选择其他职业嘛！前者从业有门槛，而且门槛很高（比如有理工科的博士学位，可能还要做几个博士后工作，要申请基金项目，定期发表论文，参与科学共同体的交流）。后者业余而为，几乎没有门槛，甚至不识字也可以实践。在不特别指出的情况下，我们说的博物学家都是指后者的普通爱好者。前者其实通常也不愿意或者不敢自称博物学家（威尔逊等少数大牛除外），因为对主流而言，博物是肤浅、外行、不专业的代名词，自称博物学家无疑自贬，他称博物学家相当程度是一种嘲讽，跟说某科学家只会做科学传播（科普）差不多。科学传播要有自性，就得摆脱依附、从属关系，站在与科学并列的位置，即做到真正的两个翅膀之一（参考两轮说和两翼说）。两个翅膀一大一小，鸟飞起来肯定打转儿、飞不远。

现在社会也允许多元并存，也没有刻意阻断行业、学科、职业之间的知识借鉴、信息交流。博物学与自然科学之间，犹如科学传播与科学之间，需要适当切割，彼此尊重，各自做好自己的事情，整个社会才会更大地受益。

七、博物学的目标、活动主体与行动方案

上述第二个问题：复兴博物学的动机、目标是什么？说法很多，也包含不同的层面。博物学不是为知识而知识，因为强调"适应"，不想快速改变（折腾）自然世界，更多着眼于为现象学说的"生活世界"服务。这个目标似乎太低，不上档次，其实不然。在特定的语境下也可以说得透彻一点、刺激一点："复兴博物学，就是要把博物从职业化自然科学的牢狱中解救出来！大众博物，不能生存在科学的阴影之下。人这种动物不能只靠专家来访问自然世界。宗教改革：削弱教会、僧侣的中介作用；复兴博物学：减少对科学（家）的依赖。"其实这些都是有道理的，只是在唯科学主义的大背景下可能授人以柄，引来攻击。

换种温和、老练、圆滑的修辞：博物活动考虑当下也考虑长远，有用也没用。当别人质疑博物学时，最好的回答是顺着质疑者回答"没用"，这是一种修辞策略也是一种处事技巧。博物学当然有用了，否则我们干吗关注它、复兴它。比"没用"再进一步，可以声称"无用却美好"。然后才可以理直气壮谈博物学的动机、用意、目的，当然也要时时提醒自己博物的局限性。

先说最实际的、百姓最容易感受到的层面。首先博物对个体有好处，田松教授说"博物者自在"中的"自在"之第一层含义就是高兴、心情好。个体的人既

需要与他人、体制打交道也需要与自然物、环境打交道，前者更多与工作、生产联系在一起，后者更多与休闲、再生产联系在一起，两者相互补充。于光远先生晚年强调休闲学，有重大学术意义，它突出了人这种动物不能只想着工作，工作是人的存在方式，休闲也是人的存在方式，很难说哪个更重要。工作不好，难以休闲好；休闲不好，工作也做不好。发达、文明的社会，自然会同时考虑两个方面，不会一门心思只盯着前者。在中国，有著名大学的学者说，一年当中放更多的假，耽误生产、影响效率。这实在是一种谬论，生产又是为了什么？说得不好听点，那学者是"见不得疲惫的百姓休息一会"。个体博物，显然有助于休闲活动的多样化、趣味化。"今天我们倡导博物学、修炼博物学，动机是要恢复每个人与他周围自然世界本来应有的一种亲密关系。""我们走向田野，俯身察看一片点地梅、一株蒲公英、一簇小根蒜，心情是复杂的、多样的，有功利性的考虑，也有超越性的考虑。在博物实践中，也许总会出现自然神学般的一刹那，让我们感受自然整体的神奇、欣赏进化的绵长和波澜壮阔、赞叹存在之链的完美，进而令自己谦卑、感恩和敬畏。即使没有这般感觉，只从功利角度算计得失，也未尝不可。博物学生存，通常利己而不害人，这还不够吗？"（刘华杰，2011）

"博物者自在"中"自在"的第二层含义是，博物活动有其社会合法性，博物者扮演特别的、不可取代的社会角色。保护绿水青山、建设生态文明，博物活动当有用武之地。博物也有教育方面的含义，只是不要轻易谈教育，更不要动不动就教育别人。"修身、齐家、治国、平天下诸层面与博物活动都可呼应起来。博物活动是成人（人之为动物、为人）的一种方式。""博物亦有利于人类突破种族、国家以及人这个物种的狭隘观念，充分意识到在更大的命运共同体中人与人、人与自然协调演化的必要性。当然，这一切都是可能或者有利于，而非必然。能治国平天下者，鲜矣，而热爱大自然，推动共同体和平、和谐发展，确实人人可以参与。"（刘华杰主编，2019）

现在转到第三个问题。现在或未来博物实践的主体是普通爱好者，不排斥专业人士，却不以专业人士为主。有人觉得倡导博物学，将培育一批学者甚至科学家，因此博物实践者主要是专家或者即将成为专家的人士，这个想法也有误。想成为专家，可以直接考虑当科学家或者别的什么家。博物肤浅、宏观（但不意味着不专心、不仔细、不敬业），博物活动不强调认知门槛、受教育背景，其实践主体就是社会上的各种各样的一般人。文科、理科，专业、非专业人士，都可以亲自操作，并且都可能有收获、有发现。社会当中的一成员，不论年纪大小，不管以前的背景，只要喜欢博物，马上就可以开始。哪一天不想做了，也可以立即停止。这样的主体参与的博物实践别指望直接得到类似自然科学基金、社会科学基金之类的资助，有人愿意赞助是另一回事。这些主体可以以个体行事，也可以组成一定的民间组织行事，但都不必如科学家一样定期发表报告、论文或专著。博物分一阶与二阶，以上是针对一阶来说的。至于二阶研究，当然必须是专业人士，通常要有哲学、社会学、历史学、人类学背景。二阶研究者的数量较少。多了也不正常，好比大家都不踢足球却喜欢侃足球。在中国，当下二阶研究工作太少，需要吸引一小部分学者关注博物学、博物学文化。二阶研究者，最好也有一阶博物爱好，就像做科学史研究要懂点科学一样。

第四个问题，战略上分步推动博物学复兴，是少数人关心的事情。此事也只能借势而为。中国社会开始步入小康社会，这为公民博物提供了前所未有的经济基础。若干工作可以有选择性地开展：①译介、研究域外的博物学史、博物学文化，加强二阶学术研究。博物学文化论坛从 2015 年开始到 2018 年已经举办三次。②鼓励在地自然观察，结合学校、小区、家乡、本地城市开展各种形式的博物活动，既要吸引小朋友也要吸引大朋友，成人、所谓的"成功人士"也可以博物。"朝阳区群众"更可以参与，监测外来种入侵，推动环境保护和生物多样性保护。③推动本土自然写作与出版，鼓励广大爱好者记录、书写、拍摄、绘制自己接触的大自然。推动自然好书评选，举办自然写作竞赛，与媒体合作推出更多自然类节目，等等。中国现在也开始尝试创办自己的博物类刊物，如由商务印书馆出版了《中国博物学评论》，已推出 3 期。（图 1–14）在美国，博物学刊物有好多种，如《美国博物学家》（*The American Naturalist*）、《博物学杂志》（*Natural History Magazine*）。④推动融入博物内容的高品质旅游活动，增加博物视角，可更好地欣赏全国各地、世界各地的自然世界，增加对地方性知识与多元文化的认知与理解，推动世界和平。这些活动可与美丽乡村建设、社区文化建设、生态环境保护、生物多样性认知与保护、生态文明建设等国家层面的大计划、长远战略结合起来进行。对于中小学在校生，可与"自然研学""作文"相结合开展活动。⑤在社会各领域采取"博物+"策略传播自然生存观念，丰富人们的日常生活（刘华杰，2017d），比如"博物+城市规则""博物+菜市场""博物+一带一路国家自然资源与文化"等。⑥博物与民族文化传

承的深度结合。中山市已经召开两届儒学与博物学
论坛。

最后，一个经常被问到的问题是：个体如何启
动自己的博物人生？首先要有真正的兴趣，不能叶
公好龙。不喜欢博物也很正常。我们倡导博物学，
并不能把它夸大。通过尝试，一旦确认自己喜欢博
物学，那么最重要的是提醒自己利用一切机会观察
周围的自然世界。自然并不总在远方，青藏高原、
南非、亚马逊有自然，街道边、城市小区、公园、
植物园等也有自然。甚至台阶和砖缝中就有自然。
比如在北京的马路边的毛白杨树上就可以观察到漂
亮的檀香科槲寄生（*Viscum coloratum*）（图1–15）。

图1–14 《中国博物学评论》创刊
号封面。

图1–15 "北京槲寄生大道"上的
槲寄生。人们可能觉得在首都北京
看到槲寄生比较难，可能要爬山仔
细寻找，其实不是那样。在北京怀
柔的一条南北向的公路上，槲寄生
多得很，有时一株毛白杨树上就有
几十株。最佳观果期是10月25日
至11月15日。

八、建构并启动适合百姓生活的新博物学

皮克斯通认为，目前博物学与其他认识方式共存（皮克斯通，2008：76），博物学范围不但不应当缩小，还应当扩大，成为"扩展的博物学"。这种意义的博物学更多地考虑了方法论，不特别限定对象是天然的还是人工的。这当然有道理，不过，就我们当下的目标而言，依然以自然物、大自然的内在联系为主要考察对象，因为我们对周围的自然世界太缺乏了解和尊重。现在要建构一种百姓能理解、能参与的新博物学，鼓励普通人像博物学家一样生活（living as a naturalist）。针对普通人，解说博物或者博物学是什么，可以用如下方式。博物（BOWU）的内涵和价值观可以表述如下（刘华杰，2015b；半夏，2017）：

Beauty，大自然有大美，《庄子》中说"天地有大美而不言"。大自然的美具有相当多的层面和无限的细节，这种美体现了大自然长期演化的复杂性，人工制品之美根本不可能达到这种精致性。不断发现、欣赏这种美，是个体启动自己的博物学的根本动力之一。博物虽然也有诸多目的，但求美是其中最关键的一个。

Observation，细致观察、记录、分类、探究。如何发现自然之美呢？多读书、认真思考是重要的，但是都不及亲自观察要紧。博物观察，不是一次两次、一分钟两分钟的事情，很可能持续数小时、数月、数年。观察的动力来自审美需要，更来自下面要说的"好奇心"。

Wonder，童心和惊奇感，万物皆奇迹。《孟子》中说："大人者，不失其赤子之心也。"翻成白话，意思是："大牛人也没什么特别的，不过保持了孩提时的质朴风貌罢了。"对自然物、对大自然的倏忽变化是否感兴趣，是否会产生驻足观察、欣赏、探究的冲动，是评判一个人品位的重要依据。应当说，孩子对大自然充满了好奇，一片树叶、一只小虫子都能让孩子摆弄半天，左瞧右看。卡森在《惊奇感》一书中说："孩子的世界是新鲜、美丽，充满奇妙和惊喜的。而我们中的大部分，所谓的世事洞明者，感受美和敬畏的本能，早在长大前就已暗淡，甚至磨灭了。如果我的话能让美善仙女听到，我会恳请她，在她给所有孩子主持洗礼时赐予他们一件礼物，那就是一生都不会磨灭的好奇心，让他们能够抵抗成长的岁月中遇到的一切厌倦和无聊，一切对偏离了我们力量本源之物的沉溺。"（卡

森，2015：52）

许多人长大了，特别是受课堂书本教育后，原来的好奇心减弱了或者消失了，感官变得麻木。在这方面要始终向孩子学习。对社会中经常出现的说某人"孩子气"（childish），要一分为二分析，childish 有时不好，有时也挺好。相比于"小老样""圆滑世故"，孩子气一点可能更好。比如，我们接触一些外国人，可能会觉得他们待人处事比较直接，很少绕弯子，也不会变通，不如我们机灵、老练，其实人家可能比较坦率，保持了孩子的天真、质朴，或者说更加自然。哪样好呢？不同人的偏好不一样。就我个人而言，还是喜欢孩子气、童心。大家都如此，可以减少交易成本、交际成本。对于探索大自然而言，童心可能是至关重要的，它把人类主体黏着于自然世界，让人回归于自然。

Understanding，尝试超越人类中心主义，寻求理解、可持续共生。博物费时费力还费钱，博物一番想干啥？有一些实用的目的，让生活变得有趣、美好，但更为重要的一项是，让博物者从内心里更加理解万物生存于一体的事实，认同共同体的合作共生是自然之道。共同体内部虽然有生存竞争，有时还非常惨烈，但是共同体中缺了哪一个恐怕都不行。把一些物种逼上绝路，减少多样性，也会导致共同体健康不佳，最终让人类自己处于尴尬境地。作家、博物学家、摄影师洛佩兹（Barry Lopez）说："人类已从伦理世界把其他所有生命同伴排除，现代博物学家此时实际上肩负这样的使命：着手重修与它们的良好关系。"（Lopez，2011）有人说，作为人，就是要强调人类中心主义。好像极有道理，但是可以反问一句：非人类中心主义让人类损失了什么？没损失什么！反而因为有此超越性，让人类变得更伟大，让人看得更广更远。

博物学与达尔文演化论（即进化论）的观念、信条完全兼容，实际上演化论就是从博物学中发展起来的，是博物学的一部分，或者说是博物学迄今所取得的最伟大的成就。演化论天然具有非人类中心论的倾向，只是相当长时间内人类不习惯从非人类中心的角度看世界罢了，这就像相当长时间内人类不习惯从非地心说看宇宙一样。没有演化论，整个生命科学就会成为一盘散沙。在科学高度发达、严重分科之际，许多人可能产生一种错觉，以为演化论很简单，人人都看得懂，其实不然。达尔文的演化论几乎用散文体写就，书中也没有复杂的数学公式，但不意味着不经过仔细琢磨和实践就能轻松读懂。对于量子力学、细胞生物学、粒子物理学，人们本能地保持尊重，不敢说自己一接触就弄懂了，而演化论一类学问造成一种假象，好像谁都可以不费力便能解读。其实，领会演化的奥秘，需要社会环境的配合，需要智力更需要耐心、专注，需要心灵的某种超越能力。修炼博物学，无疑有助于人们见证演化的智慧，对自然对生命心生敬畏。人们可能马上要追问："就这些？理解了又怎么样？"当然不止这些，但有这些已经相当不容易了。怎么样？坦率说不怎么样！你还想怎么样？把地球翻过来、搬到火星上住？的确，近些年不断有星际移民的宣传，甚至有"火星一号"这样不靠谱却能捕获人们好奇心的创意。有好奇心不是很好吗？上述第三点强调的不就是好奇心吗？好奇心也分很多种，特别是分自然的和非自然的、聪明的和不聪明的。懂一点达尔文演化论，便清楚，人类大规模的太空移民只是一个神话，拙劣的商业宣传。人这个物种是在地球上缓慢演化出来的，人的肌肉、骨骼、气管、皮肤等差不多只适合地球"盖娅"这样非常特殊的环境，走出地球就等于找死。个别宇航员可以上太空，但要清楚代价是多么大，多数人当不了宇航员。

对于广大民众，博物学可以是保持终生的一项爱好，一种害处不大、基本无用但很有趣的爱好。利奥波德讲过："一项令人满意的爱好，必定很大程度上是无用的、不讲效率的、费劲的、不赶潮流的。"（A satisfactory hobby must be in large degree useless, inefficient, laborious, or irrelevant.）博物，是人生在世的一种存在方式。我博物，我存在、好在！

大众博物的时空范围，就日常观察来说，不追求特别辽阔或者细微，时空量级可能就在于"米"和"年"，上下扩展不会很多，不在于纳米、光年、总星系，不在于飞秒、百亿年。百姓博物，其目标不在于竞技体育式的现代科技竞赛，不在于更快更高更强。相反，可能还要强调慢！二分法中的"慢"也是一种价值，总不能说只有快才好或越快越好吧？圣雄甘地说过：There is more to life than increasing its speed. 我就不翻译了，大家可以慢慢琢磨其深刻含义。博物令我们关注慢，从容地欣赏、享受世界的多样性，自然而然地达成可持续性。博物是对现代性匆忙的一种克服。协同学（synergetics）中有一个原理：慢变量支配快变量。《道德经》讲"静为躁君"。俗语曰："跳得欢，死得快。"

九、博物理念与博物活动的伦理约束

任何一种观念、任何一种学术，都有其价值预设。通常在内部是不反思这些预设的，即不考虑"反身性"，这就会造成一种盲区。布鲁尔（David Bloor）的科学知识社会学（SSK）特别把反身性作为其"强纲领"的一条提出来，我们倡导博物学，也要提前做类似工作。

此时我们试图复兴博物学，要通过理论和实践建构、界定一种"新博物学"。新在何处？要继承传统博物学的一些方面，也要去掉其中猎奇、占有、掠夺的成分，充分考虑人与自然和谐发展的要求。

博物活动要遵守法律，这是最基本要求，但显然不够，任何活动都要遵守法律。在此基础上博物活动还要达到一定的伦理标准。理论上博物活动也能对大自然造成伤害，必须时时提防，提醒自己。为此，2015 年首届博物学文化论坛举办时就考虑协商出一份博物伦理规则或者博物理念宣言。2017 年第二届博物学文化论坛举办时，经过多方讨论形成了一份草案，附于论坛手册的末尾，没有表决，只供代表考虑、修订。2018 年 8 月 18 日第三届博物学文化论坛在成都彭州白鹿小镇举办，经过修订、简化的版本提交大会表决，会议高票正式通过了关于博物理念的《白鹿宣言》（图 1-16），从此在中国有了一份正式的博物活动伦理规则。2018 年 8 月 29 日《中华读书报》和 2018 年 8 月 31 日《科普时报》都全文刊发了宣言的内容。《白鹿宣言》文本不算长，全文录于此。

图 1-16　关于博物理念的《白鹿宣言》（局部）。张冀峰书。

博物理念宣言（白鹿宣言）

（2018年8月18日，第三届博物学文化论坛表决通过）

我们，作为一部分博物活动参与者，在此重申若干理念并提出相关倡议：

长期以来人类通过与环境的互动、机智地利用大自然，创造了灿烂的文明。但是，作为地球共同体中的一员，人这个物种的快速演化和一些行为损害了其他物种的利益，破坏了天人系统的可持续生存。

博物是人类感受、认知和利用大自然的一种古老方式。复兴博物学意在传承和发扬这一传统，重申人类从属于大自然这一基本事实。博物过程反思现代性的逻辑。博物活动在宏观层面与大自然互动，强调通过亲自观察、体验、探究，增强个体对大自然的感受力，更好地鉴赏自然之美，坚定合理利用大自然的信念。

博物自在而不忘自律，方能赢得尊重、做到可持续。应当知晓盖娅的前世今生，学会感恩。应当不断反思、约束自己的行为，减少博物活动对大自然的可能伤害。应当广泛吸收传统文化、民间智慧和现代科学中的各种有益要素，尝试用非人类中心论视角看待世界，不夸大人类的算计能力和对大自然的改造能力，充分理解演化过程之精致和复杂，推动保护生命的多样性、保持生态系统的稳定性。

博物活动应当遵守法律，培养良好的探究习惯，慎重采集并善待标本。鼓励对平凡的事物保持好奇心，反对不适当的猎奇。鼓励通过文字、影像、绘画等多种形式展现自然物和景观，反对为了某种特殊的拍摄效果而故意伤害动植物、破坏景观。提倡分享，反对掠夺、霸占大自然的物种、物产和优美景观。

博物有先后，宜由近及远，量力而行、渐次展开。热爱家乡及第二故乡，重视地方性知识的收集整理。尝试记录在地景观、物种、动物行为及生态系统的状况，关注家乡的生态环境变迁。对外来物种保持警觉。

培育博雅情趣，重视长程权衡。传承徐霞客、李时珍、G.怀特、梭罗、缪尔、法布尔、利奥波德、R.卡森、K.劳伦兹、E.O.威尔逊等博物学人所实践的博物学文化。

鼓励采取"博物+"策略，有意识地在餐饮、旅行、城市规划、工程与工业设计、艺术、教育、国学、保护区和公园管理等领域及日常生活中增加博物视角、融入博物情怀。推动各级教育部门结合当地条件开展多样性的博物活动，促进学生身心健康发展，增强生态保护意识。

十、个人对植物博物学的初步尝试

每个人都可以找到适合自己的博物之路，探究自然、欣赏自然之美，保护生物多样性。我个人一阶博物与二阶博物都做一点工作。在二阶层面，主要考虑博物学编史纲领问题，这与我的本职工作科学哲学、科学史相关。而一阶工作与个人爱好有关，某种程度更喜欢一阶，它能证明我还活着。

在过去的十多年中初步尝试了将博物作为一种生活方式的可行性。对近、中、远三种不同情况都做了试验，看看自己能否认识并理解那里的植物。出版的图书分别是：《燕园草木补》（图1-17），针对的是我执教的北京大学的校园；《青山草木》（图1-18），针对的是吉林省吉林市的一座山；《檀岛花事》（图1-19），针对的是遥远的美国夏威夷。除此之外，还有目的地比较杂的《天涯芳草》，涉及的地方有近有远。2018—2019年则完成《勐海植物记》，此书讨论的是云南西双版纳州勐海县境内的植物。

无论远近，都不能走马观花，必须长时间停留，仔细、反复观察。对于四季分明的地区，最好一年四季都观察，冬季看植物也很有意思。在这一点上努力学习怀特，以及中国明代旅行家的"卧游"。之所以提旅游，是因为我没有把这些当成特别的负担，而是当成一种休闲、爱好，跟旅游差不多。

具体操作上，基本步骤是：

（1）初步观察，选择自己喜欢的观察植物的地方，面积不能太大。

（2）收集相关区域的植物志和其他研究结果，有图鉴一类材料的要优先收集。

（3）野外多次观察、拍摄，极特殊情况下采集标本。

图1-17 《燕园草木补》封面。此书记述北京大学校园中的植物。

图1-18 《青山草木》封面。此书记述吉林松花湖滑雪场大青山的植物。

图1-19 《檀岛花事》封面。此书记述美国夏威夷群岛四个较大岛屿上的植物。

（4）在家里对植物种类进行鉴定，最好按 APG 系统分科排列各物种。有时要做花解剖，要亲自画一画关键的植物形态、结构。

（5）总结野外工作，着手撰写报告或者图书。

（6）野外补拍照片，或者野外重新观察原来遗漏的某些细节。

（7）初排稿件，请专家审查，排除明显的错误。

（8）正式出版，等待反馈，进一步修正错误。

这些步骤中最耗时的是第（3）和第（4）环节。通常植物爱好者在野外观察、拍摄时容易体验兴奋之情，而对第（4）环节犯愁。这比较容易理解，但是真正想提高水平，必须亲自修炼第（4）环节。鉴定有时真的很辛苦，个别物种一连几天、几个月可能都解决不了，但一旦解决了，收获也是非常大的。前文已经提及，不能轻易向别人打听植物的名字。这两个环节彼此依赖，前者做得好，后者也就变得容易些；后者进展快，也会推动前者上一台阶。拍摄出每种植物的关键分类特征非常重要，但是对于自己不认识的植物，怎么会提前知道用于分类的特征呢？可以按基本的拍摄程序做，养成良好的习惯，结合已有的经验和野外的敏感性，更好地抓住关键特征。即使这样，在分类的过程中，也会发现有的特征没有拍全、拍好，怎么办？只好找机会再次到野外拍摄。关于如何拍好照片、如何鉴定、如何利用信息网络资源和标本馆，我们的培训班都安排了国内最好的专家来一一讲解。

有人可能指出，自己也不想出书，那就没必要整理了吧？非也。每个博物学爱好者，都要建立自己的自然档案。此档案有多种用途，积累多了可以进行各种对比。照片不整理，最多就是一堆死材料，稍加整理就能转变成知识，使之处于激活状态，能提高自己的能力。

物种识别是第一层面，这个非常重要，不认识物种谈生态，等于胡来。对所关注区域的植物物种基本认识（个别的可以只到属，不必要种）后，可以考察物种的分布、变化，达到植物地理和植物生态的层面。这还没完，还要继续前行，要进一步考察当地人与植物的关系，挖掘地方性知识，以自己的方式监测感兴趣的生态变化和当地文化，这就到了民族植物学、可持续发展的层面了。当然，还可以往前走，进入历史、哲学层面。

所有这一切都应当出于本心，不要强迫自己。不喜欢千万不要做。

| 参考文献 |

Allen, D.E. (1994). *The Naturalist in Britain*. Princeton: Princeton University Press.

Anderson, J.G.T. (2013). *Deep Things Out of Darkness: A History of Natural History*. Berkeley: University of California Press.

Bridson, G. (2008). *The History of Natural History: An Annotated Bibliography*, 2nd. London: Linnean Society of London.

Farber, P.L. (2000). *Finding Orders in Nature: The Naturalist Tradition from Linnaeus to E.O.Wilson*. Baltimore and London: Johns Hopkins University Press.

Freer, S. (2003). *Linnaeus's Philosophia Botanica*. Oxford: Oxford University Press.

Huxley, R. (2007). *The Great Naturalists*. London: Thames & Hudson.

Jardine, N. *et al.* (1996). *Cultures of Natural History*. Cambridge: Cambridge University Press.

Leopold, A. (1989). *A Sand County Almanac and Sketches Here and There*. New York and Oxford: Oxford University Press.

Lopez, B. (2011). "The Naturalist". *Orion Magazine*, 20(09): 38–43.

Lindley, J. (1836). *A Natural System of Botany*, 2nd. London: Longman.

Lindley, J. (1841). *Elements of Botany*. London: Taylor and Walton.

Pickstone, J.V. (2001). *Ways of Knowing*. Chicago: University of Chicago Press.

Schmidly, D.J. (2005). "What It Means to Be a Naturalist and the Future of Natural History at American Universities". *Journal of Mammalogy*, 86(03): 449–456.

Stearn, W.T. (1957). "An Introduction to the Species Plantarum and cognate botanical works of Carl Linnaeus". // *Species Plantarum* (Facsimile). London: The Ray Society.

Stearn, W.T. (1959). "The Background of Linnaeus's Contributions to the Nomenclature and Methods of Systematic Biology". *Systematic Zoology*, 8(01): 4–22.

Turland, N.J. *et al.* (eds.) (2018). "International Code of Nomenclature for algae, fungi, and plants (Shenzhen Code) adopted by the Nineteenth International Botanical Congress Shenzhen, China, July 2017". *Regnum Vegetabile*, 159. Glashütten: Koeltz Botanical Books.

Wolfshohl, C. (1991). "Gilbert White's Natural History and History". *Clio*, 20(03): 271–281.

阿尔谢尼耶夫（2005）．在乌苏里的莽林中．王士燮，等译．北京：人民文学出版社．

艾伦（2017）．不列颠博物学家：一部社会史．程玺，译．上海：上海交通大学出版社．

巴特菲尔德（2012）．历史的辉格解释．张岳明，等译．北京：商务印书馆．

半夏（2017）．看花是种世界观．北京：中国科学技术出版社．

伯恩哈特（2009）．玫瑰之吻：花的博物学．刘华杰，译．北京：北京大学出版社．

布里格斯、皮特（2015）．湍鉴：浑沌理论与整体性科学导引．刘华杰，等译．上海：上海交通大学出版社．

查德伯恩（2017）．博物学四讲．邬娜，译．上海：上海交通大学出版社．

程虹（2011）．寻归荒野（增订版）．北京：生活·读书·新知三联书店．

法伯（2017）．探寻自然的秩序：从林奈到 E.O. 威尔逊的博物学传统．杨莎，译．北京：商务印书馆．

法拉（2017）．性、植物学与帝国：林奈与班克斯．李猛，译．北京：商务印书馆．

怀特（2016）．塞尔伯恩博物志．梅静，译．九州出版社．

赫胥黎（2015）．伟大的博物学家（2017 年新版改名为：博物之旅）．王晨，译．北京：商务印书馆．

姜虹（2015）．十八、十九世纪英国植物学文化：三位女性传播者．北京大学博士学位论文．

卡森（2015）．万物皆奇迹（*The Sense of Wonder*，也译《惊奇感》）．北京：北京大学出版社．

莱斯利、罗斯（2008）．笔记大自然．麦子，译．上海：华东师范大学出版社．

雷舍尔（2007）．复杂性：一种哲学概观．吴彤，译．上海：上海科技教育出版社．

李猛（2014）．班克斯的帝国博物学．北京大学博士学位论文．

利奥波德（1997）．沙乡年鉴．侯文蕙，译．长春：吉林人民出版社．

利奥波德（2017）．环河．王海纳，译．北京：外语教学与研究出版社．

刘冰等（2015）．中国被子植物科属概览：依据 APG III 系统．生物多样性，23（02）：225–231．

刘华杰（2001）. 从博物的观点看 // 一点二阶立场：扫描科学. 上海：上海科技
　　教育出版社，59–63.

刘华杰（2011）. 博物学漫步：寻访怀特的故乡塞耳彭. 明日风尚，（04）：154–
　　156.

刘华杰（2012）. 博物人生. 北京：北京大学出版社.

刘华杰（2014a）.《约翰·雷的博物学思想》序 // 约翰·雷的博物学思想. 熊姣.
　　上海：上海交通大学出版社.

刘华杰（2014b）. 博物学文化与编史. 上海：上海交通大学出版社.

刘华杰（2015a）. 博物自在. 北京：中国科学技术出版社.

刘华杰（2015b）. 博物：传统、建构与反本质主义. 中华读书报，11.11：16 版.

刘华杰（2017a）. 论博物学的复兴与未来生态文明. 人民论坛·学术前沿，（03
　　上）：76–84.

刘华杰（2017b）. 维系生态平衡的博物学进路. 鄱阳湖学刊，（05）：5–12.

刘华杰（2017c）. 找寻适合自己的自然探究方式. 世界科学，（09）：1.

刘华杰（2017d）. "博物 +" 思维与博物图书出版. 中国科学报，02.17：6 版.

刘华杰（2017e）. 推进复兴博物学文化的几点看法. 中华读书报，11.15：5 版.

刘华杰主编（2019）. 西方博物学文化. 北京：北京大学出版社.

刘星（2017）. 奥杜邦的多重形象与博物学文化. 北京大学博士学位论文.

梅里厄姆（2012）. 大学里的生物学：呼吁更全面更丰富的生物学（英文见
　　Science, 1893, 21(543)：352–355）// 科学的畸变（我们的科学文化，第 8
　　辑），姜虹，译. 江晓原、刘兵，主编. 上海：华东师范大学出版社.

皮克斯通（2008）. 认识方式. 陈朝勇，译. 上海：上海科技教育出版社.

田松（2017）. 博物者自在. 鄱阳湖学刊.（05）：13–23.

托马斯（2008）. 人类与自然世界. 宋丽丽，译. 南京：译林出版社.

王钊（2018）. 观乎动植：康乾时代的清宫博物绘画研究. 北京大学博士学位论
　　文.

威尔逊（2005）. 生命的未来. 陈家宽，等译. 上海：上海人民出版社.

韦廉臣等（2014/1858）. 植物学. 上海：上海交通大学出版社.

沃斯特（1999）. 自然的经济体系：生态思想史. 侯文蕙，译. 北京：商务印书馆.

肖显静（2018）. 生态学实验实在论：综合权衡真实性与有效性、准确性、精确性. 东南大学学报，20（05）：25-31.

邢鑫（2017）. 多识草木：日本近世博物学传统及其转化. 北京大学博士学位论文.

徐保军（2012）. 建构自然秩序：林奈的博物学. 北京大学博士学位论文.

熊姣（2012）. 约翰·雷的博物学. 北京大学博士学位论文.

杨莎（2016）. 植物分类体系在美国：自然、知识与生活世界（1740年代—1860年代）. 北京大学博士学位论文.

杨雪泥、刘华杰（2017）. 博物学重返学者视野. 鄱阳湖学刊.（05）：31-38.

郑笑冉（2013）. 华莱士自然选择理论与其社会政治思想的融合. 北京大学博士学位论文.

朱昱海（2015）. 法国遣使会谭卫道神父的博物学研究. 北京大学博士学位论文.

本章作者：刘华杰，北京大学哲学系教授（Email：huajie@pku.edu.cn）

第二章　自然观察和自然教育中的理性之路

　　我观察植物二十多年了，大概可以算作一名资深的自然观察者。而我初次接触自然教育这个概念是在 2011 年，其后虽然未曾从业，但也以深度参与的形式，观察着它逐渐成长为一个颇具规模的产业——如果参加了 2018 年的第五届全国自然教育论坛，想必你会同意这个判断。

　　这次会议的成果之一是讨论出来了一份"行业自律公约"，然而该公约既没有立意高于现行法律标准的条款，也没有体现出如何约束和监督从业者，某种程度上正象征着自然教育行业野蛮生长的现状。在我看来，整个行业能提供给受众的体验和服务中，理性或者说智力活动的成分有很大欠缺，甚至没有成为主流。或许这是多元化价值观的体现，但与公众对"教育"的期望值不符，长远来看不利于行业发展。

　　尽管对于"自然教育到底教什么"这样的问题，业界和公众还众说纷纭，但大多数人都不否认自然观察是自然教育的主要途径、博物学是自然教育的重要内容。回顾博物学的历史，如果无视其中用于自然资源调查的功利性成分，实际上是人类发展理性、解放思想的过程——从纯粹的观察和记录，到以思辨（自然哲学）乃至逻辑和实证（自然科学）的方式解释自然。如今虽然解释自然的功能被专业性极强的科学所取代，博物学仍然能满足参与者从原初的好奇心到自我实现的一系列需求；而越高级的需求，越需要理性的参与。

　　关于如何在自然观察和自然教育中引导理性，我有一些思考，结合我自己的实践经验，试录如下。

一、自然观察者的流派

这些年我一边观察自然，一边也在观察自然观察的人。随着所谓博物学的复兴，自然观察者越来越多，人群也不可避免地出现了分化。不同的人体验自然的方式和收获都不一样，同时也对应着自然教育行业能提供的各种服务。我建立了一个坐标系来区分各种自然观察者，两条坐标轴分别是投入程度和理性程度。坐标轴的原点附近是一般公众，也是自然观察者的来源，接触自然观察后会逐渐分化成不同的人群。（图2-1）

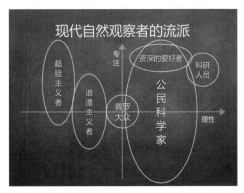

图2-1　现代自然观察者的流派

人对于自然之美的感官体验乃是一种原始本能，因此浪漫主义的自然观察者通常是最初、最容易分化出来的。这样的观察对知识储备和时间投入的要求都不高，也不太需要动脑子，换言之几乎没有门槛，能吸引大量的轻度参与者。随着投入程度的提高，一些自然观察者不满足于最基础的感官体验，而是谋求满足更高层次的需求。在这个过程中如果遇到错误的引导，则有可能被带到沟里。

在历史上，浪漫主义的兴起可以看作对绝对理性的一种反弹，所谓"填补被理性洗刷之后空虚的精神世界"。这样的反弹在当今的自然教育领域非常常见，表现为对知识和理性思考的漠视甚至敌视，以及对体验和直觉的过度强调。浪漫主义再向前走一步就成了超验主义，即认为人能超越理性，凭直觉认识到真理。说到这里不得不提一下梭罗，如今国内的自然教育从业者几乎言必称《瓦尔登湖》，将其奉为圭臬。诚然，这本书有其文学上的价值，而且在劝说人们不要过度追逐物质生活方面有一定的教育意义，但同时也呼吁人放弃用理性观察自然。

这样的态度直接影响了很多自然教育从业者的行为。例如，关于自然教育中最常见的"这个动物/植物叫什么名字"的问题，通常的应对方式是不直接给出答案，因为回答名字意味着问题的终结，不利于引导提问者进行更加细致深入的观察。然而，很多自然教育机构将这种方法扭曲为"你不需要知道这个物种的名字，只需要体会它的美/你与它的联系"。这样做最大的好处显然是减少了自然教育活动所需的知识储备，降低了从业者的准入门槛。

更有甚者，受我国台湾地区和日本的一些自然教育理念的影响，如今颇有一批自然教育机构，贩卖"人与自然的精神联系"和"灵性的提升"，而以仪式感很强的活动实现之。有人将这类活动总结为"蒙眼唱歌抱大树"，现场氛围往往涕泗横流，近乎邪教。这类机构的从业者也不需要知识储备，只需学习洗脑的话术，受众获得的只是虚假的群体认同和精神满足。我认为这无论对行业的发展还是受众（尤其是低龄受众）的个人成长，都是有害的。

在"理性"坐标轴的另一端，我们能看到专业的科研人员。科研所需要的理性基于逻辑的思维方式和实证的研究方法，以及不断更新的、成体系的知识。由于门槛太高，科研人员只能是小众；另一方面，因为关注的科学问题太细，科研人员的知识面往往也不够宽，而这样的缺陷对于从事自然教育来说是很严重的。相比之下，资深的、非专业的自然爱好者在自己喜爱的门类浸淫日久，积累的博物学知识在广度上经常远胜科班出身的研究人员。比如说在物种鉴定和分布的领域，爱好者没有系统地学习分类学知识，但认识的物种、掌握的分布信息可能比分类学家多，后者采集标本往往还需要前者的帮助。这类人观察自然的活动完全由兴趣驱动，无虞考核指标，自我实现之余，也非常适合引导初入门的自然观察者。

二、如何理性地观察自然

人对自然的观察源自猎奇心理，于是初入门的自然观察者向往荒野，却对身边的自然熟视无睹。然而，理性的观察方法在哪里都可以培养。有一句话我经常问植物爱好者：

"你家门口最常见的花，你都看明白了吗？"

这并不是挑衅。对自然观察者来说，远方的物种和身边的物种本不应该有高下之分。观察它们的方法是通用的，我们从观察中获得的自然知识也是等价的。远方的物种无非能给人更多新鲜感，但身边的物种能给我们更多的观察时间，让我们更加从容地获得成体系的知识。

比如说这朵鸢尾花（图2-2），非常常见，小朋友都认识。通过最直接的观察，我们能发现鸢尾有两轮花被片，每轮3枚，在外轮花被片的内侧有鸡冠状的

图2-2　鸢尾花1

图2-3　鸢尾花2

凸起，还有很多颜色丰富的斑点和条带。鸢尾属的学名 *Iris* 的本义是彩虹女神，就是因为这些多彩的斑点。这些斑点有什么用呢？它们是路标，鸢尾这是在告诉那些访问它的授粉者，只要顺着条带的方向走就可以找到花蜜。

那么花蜜藏在哪里呢？我们换一个角度来观察鸢尾，从上方俯视可以看到鸢尾雌蕊的花柱裂成三个非常大的裂片，这也是鸢尾属的一个重要的识别特征。再转到正对其中一枚花柱裂片的角度（图2-3），可以看到雄蕊藏在柱头裂片下面，而柱头裂片和下方的花被片一起构成了一条传粉通道，花蜜就藏在通道尽头的花冠管里。

当一只蜂来访问鸢尾花的时候，花被片上的彩色斑点会将它引导到传粉通道里。蜂往通道里爬的时候会先接触到柱头用于接受花粉的部分，此时如果它身上携带了其他花的花粉，就可以为这朵花授粉。再往里，蜂才能接触到这朵花的雄蕊，当它离开的时候，就可以把这朵花的花粉散播出去。鸢尾花通过如此精巧的结构满足了雌雄两性的生殖功能，同时还避免了自花传粉。此外，这个传粉通道在天气不好的时候可以给来访的昆虫提供庇护的作用，昆虫可以在下面躲雨，甚至可以在里面过夜。很多鸢尾属的植物就是通过提供额外的庇护所的方式来吸引昆虫来给它完成传粉。

北京市能够见到的鸢尾有好几种，有花特别大特别壮丽的德国鸢尾，还有花特别小开得很窄的马蔺，在街边的花坛都可以看到这几个种。如果我们把刚才观察鸢尾的事情稍微地扩展一下，就可以看到来访问不同种类的鸢尾的蜂的种类也是不一样的。体型比较大的熊蜂可能倾向于去访问鸢尾本种这样的花，像马蔺那种花很小、花瓣窄的可能就会吸引长角蜂这样体型比较细的蜂去访问。

把这种观察的方法和它最终得到的数据汇总起来，能产生很大的价值。每一种植物开花的时候，你都可以去看看给它传粉的昆虫是什么。收集了一年这样的数据之后，自己可以做一个连连看——你观察到了哪些昆虫，有哪些植物是被这些昆虫传粉的。这些物种之间可以建立一个网络，就是所谓的传粉系统网络，它是用来解释生态系统功能的非常重要的基础信息。

想象一下，假如北京市每年有一千人做了这样的工作，积累几年之后我们会得到关于北京市传粉系统网络的一个非常完整的图景，这是对于生态学和自然保护都非常有价值、有用的数据，它是可以完全由公众的力量搜集起来的。

三、从自然观察到自然保护

在前文的自然观察者坐标系里，还有一类人，即"公民科学家"（citizen scientists）。这是自然观察和自然教育活动的另一个重要的理性产出——普通公众以基于科学设计的方法观察自然，其成果可以用于解决科学问题，尤其是生态学和自然保护领域的。我这几年的工作也与此有关。

我是一家关注自然保护的民间机构——山水自然保护中心的顾问，领导自然观察团队。团队目前主要的工作是从民间视角了解进入21世纪以来中国濒危动植物的保护状况。这个项目从2014年就开始了，每两年发布一期报告，2017年发布了《中国自然观察2016》。

在这份报告里，我们得到了一个很重要的结论：在过去的十几年里面，中国的濒危野生动植物的生存状态并没有变好。我们总共评估了1085个物种［包括全部的国家重点保护野生动植物物种，以及世界自然保护联盟（IUCN）《濒危物种红色名录》中所有易危等级以上的物种］的生存状态，其中变好的只有102个，变差的有738个，也就是说大概四分之三的物种的生存状态都变差了。（图2-4）

图 2-4 物种生存状态评估结果

　　我们也分析了保护状态变差的原因。我把评分最低的物种都列了出来。（图 2-5）

图 2-5 评分最低物种

　　这里面有一些名字我相信大家都是耳熟能详的，比如说野马、白鱀豚、白鲟。这些都是灭绝或者濒临灭绝的明星物种。其中也包括大家可能没怎么听过的，比如灰腹角雉和玉龙蕨。它们长什么样？都在中国哪个省份？野外还有多少个体？数量是在增长还是在减少？很少有人知道，甚至完全没人知道。

　　中国野生动植物保护面临的第一个障碍就是我们缺乏基础的有关生物多样性的信息。在《中国自然观察》报告中，对物种濒危程度的一个评估标准就是其信息的完善程度。信息相对比较完善，知道种群的状况和濒危的原因，并且能够依据这个来做出保护的策略的物种只占到五分之一。（图2-6）

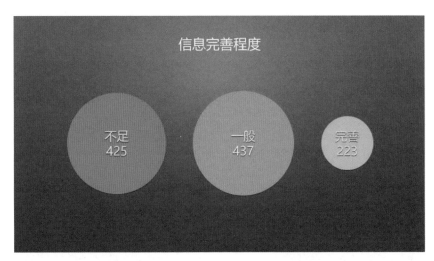

图2-6　物种信息完善程度

　　更夸张的是，我们通过整理公开发表的科学文献，竟发现这1085个物种里面几乎有一半没有被任何人研究过。零文献，零科研论文，就连科学家也不知道这些物种的状况是怎样的，更不要说制定保护策略了。（图2-7）

图2-7　物种研究现状

从这个报告里面我们也得到了非常有价值的信息，我们发现从民间搜集的数据的数量和质量，有时候可能会比科研渠道或者官方得到的更高一些。

在《中国自然观察2016》分析的13000份鸟类数据中，仅有300个来自科研文献，剩下的12700份都是全中国观鸟爱好者在观鸟信息平台上提交的信息。（图2-8）

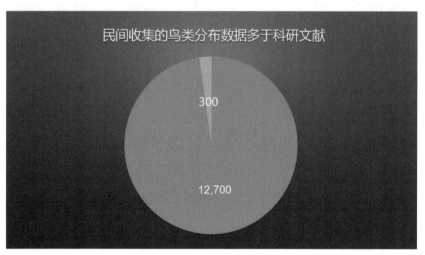

图2-8　民间收集的鸟类分布数据多于科研文献

这个数字极大地鼓舞了我们。我们认为不仅是鸟类，在其他的类群，比如说哺乳动物、两栖爬行动物，都可以激发公众的力量，让大家来参与自然观察，并且搜集生物多样性的信息，让公众力量加入到保护物种的行动里去。这样一来，问题的关键就变成了如何激励公众参与这样的自然观察活动。

所以山水自然保护中心做了一些线下活动的尝试，比如"自然观察节"。自然观察节是山水和青海省地方政府合作，在三江源国家级自然保护区举办，由民间力量参与的生物多样性快速调查活动。在2012年之前，山水自然保护中心和北大曾经多次发起针对某一个区域的生物多样性快速调查活动，通常仅由科学家直接参与。

科学家长年做某一个类群的研究，已经产生了审美疲劳，在野外没有那么多激情，做事情的效率不见得很高。但是爱好者不一样，有机会去三江源国家级自然保护区里面做调查的爱好者数量是非常少的。所以每一次自然观察节举办的时候，报名参加的队伍都非常多，很踊跃，我们筛选起来很费劲，最后能够参加活动的人也都非常有执行力。另一方面，资深的自然爱好者辨别物种的能力比大多数科班出身的人还要强。

到 2018 年为止，在三江源已经举办了三届自然观察节，每次时间大概是 4～5 天。大家在 300 多平方千米的区域内活动，每次参加的队伍有十几支，每支队伍约三个人，分别是各个领域的自然爱好者。综合上面说的两方面因素，调查都得到了非常好的效果。

就在短短四五天的行程中，2018 年的观察队伍共观察到 13 种兽类，73 种鸟类，310 种植物，还有 4 种两栖爬行动物。

因为我是去做植物评委的，这 300 多种植物，每天晚上我都盯着屏幕一个一个地看，确认参赛队员交上来的植物照片是否与物种名字相对应，眼睛都要看瞎了。我也非常希望植物学的同行来参加自然观察节的活动，帮我分担一点这方面的任务，实在太累了。

三江源的生物多样性并不是特别丰富，虽然这个区域有大量的大型食肉动物分布，但是其他的物种数量并不是很多。这个调查结果其实已经能够覆盖当地物种数的 80% 以上，是一个非常高效率的调查活动。而且我们不仅知道它们的具体位点，还知道种群的数量到底是什么样的，中间可能还会发现新的物种。

但是，这样的调查活动其实还是远远不够的，为什么？

因为这只是在一个点上的活动，只涉及两三百平方千米的面积，但是中国的面积有 960 万平方千米，还有非常多的生物多样性丰富的地区需要调查，而且真正濒危的物种，也大多生存在那里。所以还需要有更多的民间力量参与到形式更加多样化的调查中来。

自然观察项目还关注另外一个议题——野生动植物贸易。在菜市场和花鸟市场中，有很多受威胁或者不受威胁的野生动植物在出售。我们也希望借助公众的力量来调查这类市场，了解一下野生动植物贸易整体的状况。所以我们做了这样的尝试。

现在山水自然保护中心的微信公众号有一个功能，我们把某一个俗名或者学名输进去之后，会用关键词触发的形式回复一段信息，这里面包括物种学名是什么，保护等级是什么，购买或私人饲养是否违法。我们给这个功能起了一个名字叫"我可以养它吗？"。（图 2-9）

图 2-9　山水自然保护中心微信公众号新功能

　　未来我们会把这个功能做成微信小程序或者 App。除了速查之外，查完了之后如果物种涉保，可以一键提交当前的位点，后台数据库就会记录某一个时间和地点，有受威胁的野生动植物正在被交易。经过一段时间的积累，这组数据就能较为全面地呈现国内野生动植物贸易的图景。尽管无法解决滞后性的问题，但也能为制定相关的保护策略提供支持。更重要的是，我们希望它能引导公众的消费行为，减少日常消费对野生动植物的威胁。

　　2018 年，山水自然保护中心发起了自然观察联合行动平台。这个平台的宗旨是"以公众科学的方式，为自然观察活动赋能"，期望填补生物多样性基础信息的空白，解决生物多样性保护的科学问题，为制定保护策略提供依据。最开始加入平台的是一起制作《中国自然观察》报告的合作机构，之后逐渐吸收了一些新的成员。我们希望全国做自然教育和自然体验的民间机构，不论是 NGO、商业机构、科研机构和基金会都可以参与进来，可以在自己日常的活动中间加入搜集生物多样性基础信息的公众科学行动。

　　通过行动平台发起活动，可以把数据汇集起来，最终达到填补我们生物多样性基础信息的空白的目的。在过程中间，我们还可以把需要解决的生物多样性保护的科学问题，分拆成能够让公众执行的小项目，把每个人的力量集中起来汇聚成生物多样性的大数据，最终为保护提供依据。

做完两期自然观察报告之后，我们已经向全国政协提交了提案，呼吁尽快地更新国家重点保护野生动植物名录，并且提交报告作为新名录的参考。我们的提案得到了国家林业和草原局的复文：会在近两年更新植物名录。这个过程很缓慢，需要我们在民间推动保护法律和让政策落地，执行靠谱的保护策略。

在自然观察联合行动平台中，会为各机构量身打造公众科学项目。因为不同的机构所处的地域不同，他们在当地都有熟悉的本地动植物，使活动的开展具有很高的便利性。公众科学项目是一个很好的契机，受众不必去三江源或者可可西里这样高大上的地方，我们完全可以从自己身边最常见的一草一木开始做自然观察，实际上这种行为正是回归了自然观察的本意。希望中国的自然爱好者都能够加入到这个活动里面来，一块儿去寻找和记录各种各样的物种，通过大家一起玩的方式来促进中国的野生动植物保护。

总而言之，尽管多元化的价值观导致人们对自然教育有着多样的期待和需求，但观察自然本质上是一种智力活动，引导理性的自然观察并使之成为主流，应该是从业者和参与者共同努力的方向。从身边的常见物种开始，以理性的态度提出问题并通过观察和实践回答之，逐渐积累自然知识，进而积极参与公众科学活动，让自己的观察为自然保护贡献力量——这就是我理想中的自然观察的理性之路。

本章作者：顾垒，首都师范大学生命科学学院副教授（E-mail：gulei@shanshui.org）

第三章　植物博物绘画技巧

　　人类很早以前就试图描绘周围的自然。保留至今的壮丽岩画是祖先们的艺术证据，并且与现代绘画相比毫不逊色。自古至今，人类使用手边所有的一切来进行创作，例如以树皮、岩石、皮革和纸张为载体，以土壤、矿物质、植物以及后来的合成物为颜料。

　　尽可能真实地描绘自然世界的想法历来都有，因而写实主义绘画技术的进步伴随着人类历史的进程从未停止，复制工艺也不断提升。人们逐渐意识到写生的重要性，不再满足于文字描写或直接复制其他作品中的图画。再详尽的文字描写也很难让观者想象出准确生动的具象，而直接复制图画的过程中，总是会或多或少加入自己的想象，随着复制次数的增多，图画就会变得越来越离谱。

　　文艺复兴是一个重大发现频出、科学标本和珍品收藏快速发展的时期。人们对理解自然科学的兴趣与日俱增。写真插图在对世界的了解、理解、描述和盘点等方面发挥了重要的作用。因此，这一时期也是植物学图谱的兴盛时期，在这一时期出现了大量的优秀植物画家，涌现了一批植物学图谱巨著，包括：玛利亚·西比拉·梅里安的《苏里南昆虫变形记》、皮埃尔－约瑟夫·雷杜德的《玫瑰图谱》、罗伯特·约翰·桑顿的《花神庙》、威廉·柯蒂斯的《柯蒂斯植物学杂志》等等。其中记载的许多花卉如今已经很普遍，但也有些花卉依旧不寻常，且多以其原始野生类型的形态出现。这些植物绘画作品纯粹且精美，大多数图谱依然具有科学精准性，它们是艺术与科学互补的最好证明之一，也是一种跨越语言界限的国际交流方式。

　　摄影技术后来出现并不断发展，但即便是影像技术非常发达的今天，绘画依然是优秀的插图技法。写实风格的绘画是和摄影一样的补充性分析方式，甚至效果更佳，因为这类画作在科学分析中融入了艺术性和技术严谨性。摄影技术能够固定某一瞬间的全部视野内容，但绘画更擅长于现实观察的表达、阐释和逼真还原，能够快速将读者的注意力吸引到重要内容之上。

一、植物博物绘画的技能准备

植物博物学绘画是人对植物进行观察然后再将其描绘在画纸上的过程。画什么？用曾孝濂老师的话说，要"画那些打动自己内心的"植物。去哪里去找？怎样去找？当然是去大自然里。而大自然在哪里？在天涯，更在身边。要想绘制高品质的植物博物学画作，首先要做一番准备工作，我总结下来，主要有三点：

1.经常观察植物的自然状态

从身边最容易看到的植物开始，持续观察，建立对植物形态及变化的敏感性。只有敏感了，才能留心到更多感知到更多，对植物的热爱之情也随之高涨。

2.不断积累绘画的素材

网上虽然有海量的植物照片，但是没有经过自己的亲眼观察，终究没有直观的感受，即使对着照片依葫芦画瓢，画的时候没有亲近感，也很容易画错，更何况使用别人的照片还存在版权使用问题。因此，最好是亲自观察并拍照，积累起自己的素材库，使用起来才得心应手。

3.持续提升植物分类本领

植物博物学绘画是对植物真实形态的描绘，而植物个体的形态改变非常普遍，正如那句"世界上不存在相同的两片叶子"。如何解读眼前的这一株植物？其独特之处在哪里？哪些部位长得不够典型？在绘画时应该着重强调出它的哪些结构？植物学知识越丰富，关于这些问题的理性观察和思考能力就越强。但如果是初级爱好者也不要被吓到，多看、多观察、多查资料、多和植物达人们交流学习，迅速提升能力一定是快速而愉悦的过程。

二、在植物观察中确定绘画内容

观察是绘画的前提，也是绘画的核心。我们需要的是真切的、多元的观察：看、摸、听、嗅、尝，探索植物与它周围事物的关联，进而发现环境和人类的关联。我们可以借助解剖，探究植物各结构的内部秘密；我们还能借助放大镜等工具，认识微观的细节；我们更可以拍照，辅助我们的观察和记忆。这些理性和感性的观察认识交织在一起，便可以确定最想要画出的元素，正所谓"画由心生"。

1.直接观察实例——杂交马褂木（木兰科）

我真正有意识留心去观察这种树是源于读了《怎样观察一棵树》这本书，书的封面是北美鹅掌楸的冬枝，带着残存的一圈小果子，非常之特别。然后查了资料，得知木兰科鹅掌楸属的植物只有两个种，除了北美鹅掌楸，另一个种就在中国，种名叫鹅掌楸，中国人更习惯称之为马褂木——因为它的叶子实在太独特了，真的很像古人穿的马褂。鹅掌楸是南方的树种，北方太冷种不活，幸而杂交出来的混血儿特别耐寒，在北京就能活得很好。所以，我就心心念着观察杂交马褂木，从春天的花期一直到深秋的果子成熟掉落。

花枝的自然状态，看到后第一感觉是理解了这种树为什么又被叫作郁金香树。真是一树的金灿灿的郁金香花呀！拍照的时候要照顾到枝叶尽可能完整。

我绕树一圈，发现不少花朵顶生，得意地在枝条的尽头炫耀着，花下有一丛绿叶在托着，显得非常高贵，很有美感。找到一枝相对低的，重点观察拍照，注意多个角度、整体和细节。我发现枝条还是略高了一点，一只手稍稍拉低另一只手拍照（注意动作轻柔不要造成破坏），虽然照片整体美观度下降，但是参考观察和画画没问题。（图3-1、图3-2）

杂交马褂木的花朵有9个被片，分3轮排列。3片绿色萼片状，下垂，6片金黄色带纹路，直立围成杯状，包着里面的雌蕊和雄蕊。（图3-3至图3-6）

图3-1　杂交马褂木大花枝

图 3-3　杂交马褂木花特写 1

图 3-2　杂交马褂木小花枝

图 3-4　杂交马褂木花特写 2

图 3-5　杂交马褂木花特写 3

图 3-6　杂交马褂木花特写 4

为了看仔细，我摘了一朵现场解剖。金黄被片厚厚肉肉的，内侧发现了很多"水滴"？舔一下，甜甜的，其实就是花蜜呀！被片去掉，花心彻底暴露出来，一根根精神抖擞的雄蕊继而也被我一一剥下，再观察已经干枯的雌蕊柱头精致排列成斐波那契数列……（图3-7至图3-10）整个过程都要拍照，而每一个结构都要翻来覆去观察、感受以及拍照。

图 3-7　杂交马褂木花朵解剖图 1

图 3-8　杂交马褂木花朵解剖图 2

图 3-9　杂交马褂木花朵解剖图 3

图 3-10　杂交马褂木花朵解剖图 4

花朵看够了，重新回到树边，看看有没有什么遗漏的地方。这时发现一个有趣的地方，就是新枝上会残存着不少托叶（图 3-11），它们已经完成了保护幼芽的使命，部分掉落树下，残存在枝上的那些，手轻轻一碰便掉下来了。

图 3-11　杂交马褂木新枝

2.直接观察实例——紫花地丁（堇菜科）

紫花地丁是北方特别常见的小野花，每年我都会兴致勃勃地观察，从未厌倦。

紫花地丁植株矮小，没有地上茎，要想看得仔细就得蹲下来。最好的观察角度是侧面，因为这个角度最能反映出叶柄和花葶自然的生长角度。为了拍清楚紫花地丁的植株细节，我采用了一个角度、两次定焦的方法，一个焦点放在近处的花朵，一个焦点放在稍远的叶柄、花葶集中的地方。（图 3-12、图 3-13）

图 3-12　紫花地丁（焦点在花）

图 3-13　紫花地丁（焦点远）

图 3-14　紫花地丁花的正面特写

图 3-15　紫花地丁花的侧面特写

这种拍照方法非常实用，辅助观察和记忆立体物体的细节。

花朵等部位还要再拍细节。可以凑近花儿拍，也可以摘一朵拍下它的正面和侧面。（图 3-14、图 3-15）正面拍可以看清楚花瓣重叠的顺序以及深色条纹的分布，侧面拍可以很清楚地展现花萼的位置以及花距的形状，花距是堇菜科植物的有趣的特征，把花蜜贮存在深深的距里，目的是筛选授粉昆虫。当然还可以继续解剖，观察花距里面藏着的小秘密——雄蕊、雄蕊距、柱头和子房，舔一下花距的内侧，甜甜的。

我曾经在 2016 年从 4 月初开始，每隔三五天，都在午餐后蹲在办公楼附近的绿化带旁观察那里的几十棵早开堇菜和紫花地丁，持续了三个月。从第一朵蓝紫色的小花绽放，到半个月后开始的盛花期，到第一批果实抬头、举高、膨大、成熟、开裂、收缩挤出种子，再到没有花瓣的闭锁花悄然结出和开放花一模一样的果实。最令我惊异的是，我收集了种子，使用放大镜来看，放大后的种子居然不是直接看上去的圆球形，而是水滴形，每一粒种子都附着了白色的油质体。原来早开堇菜的种荚靠干燥收缩挤出种子，力气不够大，种子宝宝大多都散落在了附近，不利于传播，所以进化出香香的油质体吸引蚂蚁过来帮忙。蚂蚁扛着种子离开，啃完后抛弃种子，顺便帮助种子旅行传播。如果不是持久的观察，就不能感知这些小小植物里的诸多秘密。

3. 直接观察实例——箭报春（报春花科）

箭报春绝对是一种让人惊艳的野花，虽然整体也就十几厘米高，但是它在河北崇礼的山坡盛开的时候，周围草地上还是一片枯槁。它肥硕的基生叶簇着挺拔的花葶，顶着非常漂亮的粉紫花球。仔细看过去，伞形花序的花梗都几乎等长，钟形的花萼紧紧包裹着长长的花冠筒。花葶、萼片都密布白色的腺毛，像刷了一层白粉，这些特征很容易被忽视，因为密密匝匝的粉紫色花瓣们太显眼了，每一片花瓣的先端还有个俏皮的深裂，让人想起樱花。花瓣是柔柔的粉紫色，花心是明亮的黄色，在阳光的照耀下，好像发出幽幽的光芒，醒目极了。

同一片山坡上只要发现第一株箭报春，很快就能发现第二株、第三株……直至几十株，每一株花的颜色有差异，深深浅浅、偏粉偏紫，有的已经开谢了，有的刚舒展出小花蕾。对比一个群落里的不同植株的状态，是直接观察中的一大乐趣。

对于这种整体偏细长的植株，拍照时需要既能体现整体，又能看清局部。那么就整株拍照加分段拍照。（图3-16至图3-20）在野外拍野花时经常遇到阳光强烈，拍照时很容易过曝看不清细节，一定要手动调一下光线，就像是我拍的花球细节图这样。以后如果要画，整体光线可以参考整体植株的自然状态，但是花球细部的结构和色彩就要仰仗这些暗色照片了！

图3-16　箭报春1

图 3-17　箭报春 2

图 3-18　箭报春 3

图 3-19　箭报春 4

图 3-20　箭报春 5

三、植物博物学绘画——墨线图

墨线图是在植物科研上最常使用、也是最传统的植物画的表现技法，使用黑色的墨水在白纸上画出线和点，以表现植物的形态结构。由于黑色墨水无法像铅笔画出灰色调，更无法像水彩一样渲染，绘画过程中能调整的只有墨线的粗细长短排列组合，想画得又真又美还是挺烧脑的。相对彩色手绘，表面上看，黑白画略显单调乏味了些，但是，如果拿捏得好，会产生一种高级感，还能制造有个性的肌理效果，呈现出特殊的艺术感。

虽然绘画的具体手法可以因人而异，富有个性，但是，面对一幅蕴含"科学"元素的墨线图，衡量其优劣有着基本的标准，这样的标准也适用于其他种类的博物绘画。

一是没有科学性错误，比例、结构表达得准确、清晰。

二是有美的视觉效果：布局平衡、线条流畅、画面整洁、轻松灵动、经久耐看。

三是表达出生命之美，同时具有画者本人的独特魅力。

1.墨线图分类

按用途分：

一是科学绘画，大多数对着标本画，很多规矩，科学家指导完成，服务于科学研究。

二是博物绘画，画自然状态（写生或者画照片），比较自由，自己独立完成，悦己及人。

按画笔分：

一种是软笔墨线图，常使用传统毛笔或者各种软头的美工笔配合墨水来绘画，柔软的笔头有着良好的弹性。如果控制得好，一支软笔，既能够画出变化丰富的线条，也可以画出稳定均匀的线条，还能涂出点和面，营造出各种肌理。

还有一种是硬笔墨线图，常使用蘸水笔（配合墨水）或者针管笔。虽然笔头弹性有限，但通常有粗细不同的型号可供选择。携带方便，使用便捷，可画出长线、短线和点，使用非常广泛。如果使用的是防水笔，还可以继续渲染成彩图。

2.墨线图的技法

画面的组成：点和线，线又分为短线和长线。

点和线的组合，表达不同的光线和肌理：点、线、平行线，交叉线、长短线、点和线。

线条忌讳僵硬，要轻松、富有弹性和变化。

练习小技巧：

最初开始练习线条的时候，试着向各个方向画较长的线条，找到自己最顺手的画线条的方向。以后再画的时候，通过灵活地转动纸的方向，使自己尽量都画顺手的那个方向的线条。

刚开始接触墨线图的人，都会感觉手抖，线条跟着抖动，苦于画不出流畅的线条。别着急，经过一段时间的练习，很快就能得到改善。画线条需要经常练，才能放松，这个道理和游泳、骑自行车一样。刚开始画线条的时候，手和腕甚至胳膊的肌肉都是紧张的，线条自然跟着紧张。慢慢地练多了，肌肉自然就放松了，笔下的线条也跟着轻松起来。每天练习十几分钟，用不了一个月，线条的流畅度就能有非常大的提升。具体练习的内容，可以是直线、曲线、平行线、交叉线、长短线、点线等等，注意有意识地变换练习线条的角度、曲度和长短。

3. 我的墨线图

案例1：（硬笔墨线）长叶瓦韦（*Lepisorus longus*） 水龙骨科 瓦韦属（图3-21至图3-23）

偶然机会，我得来几份科研淘汰的标本，正好练习一下偏重科学感的墨线图（平时在做植物观察的时候，一定要注意环保的原则，采集标本要慎重）。长叶瓦韦是一种附生的蕨类植物，在中国西南高海拔地区的冷杉树上有时能够找到它。我因为没有见过野生的，只能分析手里的标本、查阅资料、咨询专家，这种绘图方式和专门为植物志画插图的绘图师的工作方式类似。

"长叶瓦韦的根状茎长而横走，先端密被鳞片（老茎上鳞片大都脱落）；鳞片卵状披针形，渐尖头，基部近圆形，网眼近短方形，上部的近长方形，全缘；叶柄光滑，叶片狭长形至披针形，渐尖头，基部楔形，下延，边缘平直；孢子囊群圆形，聚生于叶片上半部，位于主脉和叶边之间，较靠近叶边，彼此相距约等于一个孢子囊群体积，幼时被圆形的隔丝覆盖。"这些关于长叶瓦韦形态的科学性描述，都需要在观察标本的时候一一对照理解，并用点和线表现出来。我使用的是005型号的防水针管笔和白色卡纸，画的时候注意线条的放松和流畅。画长线的时候屏住呼吸，一气呵成。长线是墨线图最困难的部分，有时过于紧张，觉

图 3-21（左上图） 长叶瓦韦 1
图 3-22（左下图） 长叶瓦韦 2
图 3-23（右图） 长叶瓦韦 3

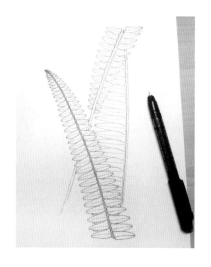

得无把握，可以在手边的废纸上试画几根线条，找到感觉后再在画纸上继续。

案例2：（硬笔墨线）肾蕨（*Nephrolepis auriculata*）肾蕨科 肾蕨属（图3-24至图3-27）

肾蕨被广泛应用于园艺，在室内绿化区经常能看到，长着长长的叶片，对于绘画来说是一个很有乐趣的挑战。在科学绘画中，这类狭长的结构最经常用的表现手法是令其折叠几次（植物标本压制也是同样方式），这样的话就容易在黄金分割的画纸上表现出来了。我观察了鲜活的肾蕨盆栽，又采集了一小段叶子压制成标本，然后用005型号的防水针管笔画了一幅图。"粗铁丝状的匍匐茎……不分枝、疏被鳞片、有纤细的棕褐色根须……叶片线状披针形……一回羽状，羽状多数……互生、披针形……基部心脏形、通常不对称，下侧为圆楔形或圆形，上侧为三角状耳形，几无柄，以关节着生于叶轴，叶缘有疏浅的钝锯齿，向基部的羽片渐短，常变为卵状三角形……孢子囊群成1行位于主脉两侧，肾形……"蕨类植物的叶形、鳞片、孢子囊群等重要分类特征需要查阅《中国植物志》，对照实物或者标本一一理解，然后转化成自己的绘画语言再表达出来。需要注意的是：对于折叠的长叶，在铅笔草稿阶段，要画出隐藏在下层的全部结构，在其后针管笔定稿的时候，则只需要画出能看到的部

图3-24（上图）肾蕨1
图3-25（中图）肾蕨2
图3-26（下图）肾蕨3
图3-27（右页图）肾蕨4

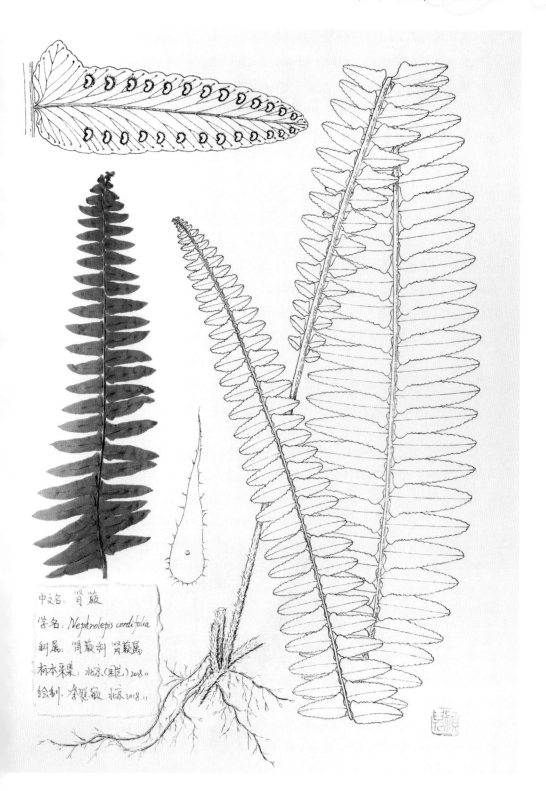

中文名：肾蕨

学名：*Nephrolepis cordifolia*

科属：肾蕨科 肾蕨属

标本来源：北京 (园艺) 2018.11

绘制：李聪颖 北京 2018.11

分，这样才能保证最终作品的线条流畅。

案例3：（软笔墨线）榆树（*Ulmus pumila*） 榆科　榆属（图3-28、图3-29）

从我的老家河南一直到东北，榆树都是很常见的树。榆树的低调的花儿很少被人注意到，榆树的果形好像小铜钱，因此得名"榆钱"，而绿色阶段的榆钱因其能够果腹让人印象深刻。小时候每年都能吃到，以至于长大后每到春天偶遇榆钱肥嫩，都忍不住摘几把嚼一嚼，那种清甜爽脆，叫人唇齿留香，回味良久。2017年春，榆钱满枝头的时候，我仔细观察了榆钱，并用软笔画了下来。

绘画的时候，除了要形态结构准确，质感的表达也很重要。树枝的粗糙、树叶的舒展以及榆钱微皱的肉感，都是需要区别对待的：树枝需要略粗的笔触，树叶的边缘和叶脉都要细细果断的线条，而成簇的嫩榆钱圆圆小小，有一点嫩嫩软软的感觉，其纹理和层次表达是绘画过程中最需要注意的环节，大多采用细碎的小笔触，并注意疏密相间，落笔方法要和叶片、茎秆有较大反差。

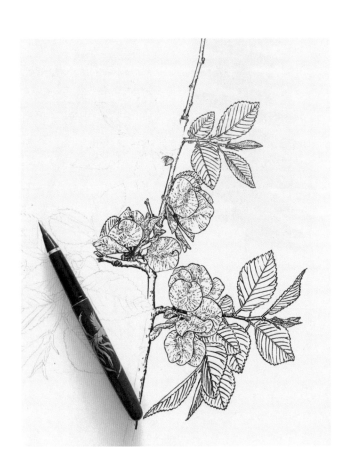

图3-28（本页图）榆树1
图3-29（右页图）榆树2

案例4：（软笔墨线）刺槐（*Robinia pseudoacacia*） 豆科　刺槐属（图3-30、图3-31）

刺槐就是我们常说的洋槐，春来一树白花，香气扑鼻，脆甜可口，是很多北方人童年的美好记忆。我画的这幅刺槐是一个花枝，俗话说画饼充饥，而画槐花，只能白白淌了好几次的口水。刺槐是落叶乔木，花枝上有着互生的羽状复叶，叶腋伸出总状花序。勾勒出枝条和花葶之后，在枝条的一侧画上一根断断续续的长短线，使其显出立体感。叶子上只简单勾出叶脉，没有画过多的阴影，是想让叶子退居配角地位，凸显出沉甸甸的下垂花序。每一个花序上花开有先后，画的时候注意花朵的形态变化。表达花瓣的立体感，要用尽量细的略长的线，细的目的是不影响花的白色，而长的目的是表达花瓣的舒展。橄榄绿色的花萼斜钟状，密被柔毛，画的时候，为了衬托出洁白的花冠，花萼用比较密集的短线来表达色彩和体积感。

图3-30（本页图）刺槐1
图3-31（右页图）刺槐2

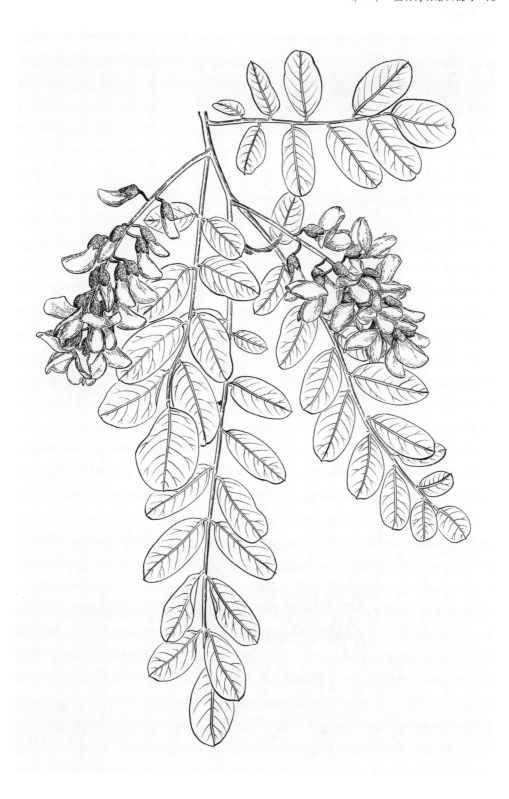

案例 5：（软笔墨线）牡丹（*Paeonia suffruticosa*）毛茛科 芍药属（图 3-32、图 3-33）

"唯有牡丹真国色，花开时节动京城。"牡丹花色品种繁多，画者甚众，尤其是国画常见的题材。用软笔很容易画出白描的感觉，但是我的目的有点不同——我想表达得科学性更多一点，肌理质感也更多一点。构图时我摒弃了传统的角度，只选了一花一叶，且都是俯视角度。"一花一世界，一叶一菩提"，牡丹的花叶都很有形态之美，两者平行排列，科学的规则感便出来了。其中，硕大繁复的花朵是当之无愧的明星，我重点刻画其结构层

图 3-32（上图）牡丹 1
图 3-33（下图）牡丹 2

次。接近花心的位置，甚至用涂墨的手法加强其层次。而叶子的处理就低调许多，只勾勒边缘和叶脉，叶立于花旁，且被花遮挡少许部分，静默相伴，互相陪衬。

案例6：（软笔墨线）圆柏（*Sabina chinensis*）柏科圆柏属（图3-34）

对于北方人来说，圆柏是冬天在户外能够看到的为数不多的绿植之一，弥足珍贵。但实际上因为它一年四季都没什么变化，人们很容易就忽略了它的存在。我在画这根带果子的圆柏枝条的时候，才发现自己对它竟然一无所知，各种疏忽导致不

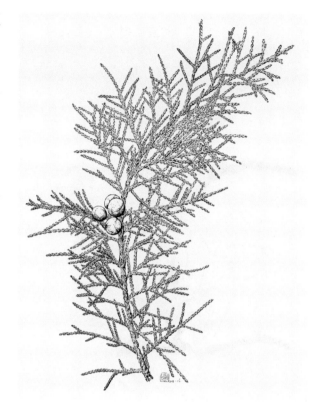

图3-34　圆柏

少遗憾。圆柏是雌雄异株，叶有刺叶和鳞叶两种：刺叶生于幼树之上，老龄树则全为鳞叶，壮龄树兼有刺叶与鳞叶。我画的这枝有果，是雌树枝，且都是鳞叶，但是我竟然没有好好观察那棵树上是否能找到针叶，附近有没有雄树，此为遗憾。圆柏的标本带回家使用的时候球果已经变软了，上面的白粉也粘掉了不少，影响了观察。画完后有好友提醒我：球果近似圆球而且有棱，这是圆柏的重要特征，而我只看到了不太圆，只好补画出棱，勉强弥补了一下，此为又一遗憾。好在画软笔墨线的过程很有趣，铅笔线稿的时候不需要表现细密的鳞叶，只需要把大致的叶形勾勒出来就可以了，等到墨线阶段，找到了鳞叶的排列规律，落笔就可以让线条粗细顿挫地变化表现，画的过程能体验到小小的自由感。

图3-35　玉兰

案例7：（软笔墨线）玉兰（*Magnolia denudata*）木兰科木兰属（图3-35）

玉兰是常见的落叶乔木，树形非常漂亮，枝广展形成宽阔的树冠。冬天的时候玉兰树最是特别，能看到很多小毛球，那是芽及花梗密被淡灰黄色长绢毛。玉兰的叶和花都有着优雅的气质。春天的时候先是一树繁花，每一朵都直向上舒展着开放，9片洁白的花被片，基部常带粉红色；花谢之后，纸质叶片渐渐长大，叶形呈现出宽倒卵形，也令人过目难忘。我想画的是花期的玉兰，一支软笔，在画斑驳的枝条和柔润的花儿时，采用不同的表现手法。一种是大胆粗糙的笔触，一种是屏息细挑的长线；一种是强烈的明暗对比，一种是精雕的排线阴影。花朵部分必须小心处理，要烘托出玉兰硕大白滑的花儿，要表现花朵的体积感，又不能破坏花儿给人视觉上的冰清玉洁感。

案例8：（软硬结合）银杏（*Ginkgo biloba*）银杏科　银杏属（图3-36）

每年的秋天，大江南北的银杏叶变黄的时候，会吸引无数的人前去赏叶，满树满地的金黄小扇子，映着秋日阳光，分外耀眼。有时遇到银杏果挂满枝头，就要小心脚下了，一不留神踩上，那种臭乎乎的味道绝对让人印象深刻。但是银杏作为雌雄异株的裸子植物，春天的时候树上的秘密却常被人忽视。我用软笔和硬笔结合的方式画了一幅银杏，不仅画了果枝，还着重刻画了春天的雌雄对比：有着长梗、分两叉顶着两粒胚珠的是雌树；有着菜荑花序状的是雄树。在画前搜集素材的时候脑子里经常琢磨用什么样的构图，既能囊括所有我想画的内容，各部分组合起来又比较美观。最终确定让三簇枝叶错落着自上而下扇形排列。想清楚之后就用铅笔打草稿，然后用软笔逐步细化，一直到剩下叶脉的时候，我停了笔，因为我觉得用软笔难以画清楚纤柔细密的二叉叶脉，我在草纸上试了一下，效果并不理想。如果不画叶脉呢？叶面空空的也不好看……画停在那里好几天，最后我决定在叶脉的部分使用硬笔。003型号的黑色针管笔画出的线条纤细均匀，又比较好控制，进度非常快，三个多小时彻底完工。叶片有了叶脉后整体呈现出灰色，有别于背景的白色和枝条的暗调，居然给画面增加了些许雅致。

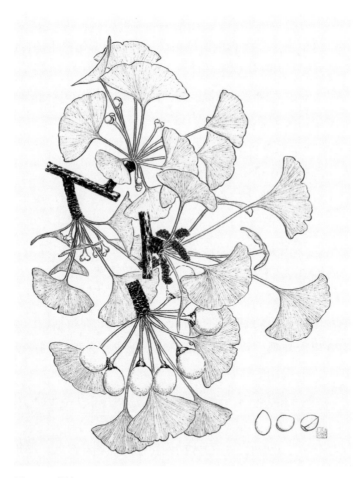

图3-36　银杏

四、植物博物绘画——彩色植物画

植物博物绘画从植物画的精细程度来看，大致分为两类：以记录植物自然状态为目的的写意式绘画和以描绘植物细节为目的的精细式绘画。写意式绘画耗费时间相对较短，把重要的结构和色彩表达清楚即可，两三个小时之内就能完成，因此可以在户外写生，也可以在室内进行；精细式绘画动辄花费几十个小时甚至更久的时间，所以几乎都是在室内完成。

植物博物绘画从染色颜料来看，大部分人选择的是彩色铅笔和水彩，少数使用水粉或丙烯，这里重点介绍彩色铅笔和水彩。彩色铅笔使用的方法类似铅笔，方便携带、容易控制，既适合新手练习，也可以创作出高品质的作品，因而应用非常广泛。透明水彩是植物绘画中最经常使用的颜料。色彩变化多端，富有表现力，渲染效果深受大众喜爱。

案例1：北乌头　毛茛科　乌头属（图3-37至图3-40）

（2014年，细腻风格，油性彩色铅笔）

乌头的根非常独特，有主根有侧根（侧根就是"乌头"），是个著名的毒物。我首先用了细细的自动铅笔刻画根部的结构和纹理，然后再用棕色系的彩色铅笔补充上色。而对于色彩明艳纯净的花朵部分，则是采用了另一种上色方法：在铅笔线稿之后，用可塑橡皮轻蘸淡化铅笔痕，然后用深紫画出层次，再用浅色反复叠色。

这幅画是刚开始植物绘画时候的习作，那时对植物典型结构认识不足，注意力被根部吸引并重点刻画。其他结构都被我淡化或者忽略——花朵部分只画出了单朵花的侧面，叶子则根本没画，此为不足之处。

案例2：七姊妹蔷薇　蔷薇科　蔷薇属（图3-41至图3-44）

（2015年，细腻风格，水溶性彩色铅笔）

童年时候我家院子外面有一棵巨大的浅粉色的七姊妹蔷薇，每年春天都开得非常热闹，给我带来了很多快乐时光。到了葫芦岛，发现这里也经常能看到深深浅浅花色的七姊妹蔷薇，每每看到都备感亲切。选择了水溶性彩色铅笔在细纹水彩纸上表现它，增加了水，颜色显得更加清新自然。蔷薇的叶子边缘有锯齿，把略深的绿色铅笔削得尽量尖，一点一点勾勒出叶子的边缘，绝不能图省事用粗笔

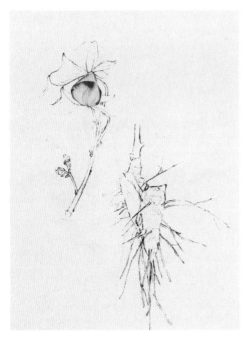

图 3-37 北乌头 1

图 3-38 北乌头 2

图 3-39 北乌头 3

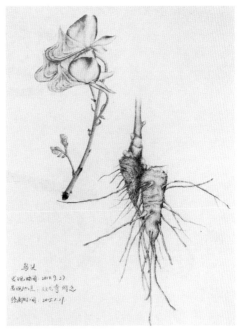

图 3-40 北乌头 4

图 3-41　七姊妹蔷薇 1

图 3-42　七姊妹蔷薇 2

图 3-43　七姊妹蔷薇 3

图 3-44　七姊妹蔷薇 4

模糊处理。水溶性的彩色铅笔，铺水的环节一般放在干画基本结束的时候。用毛笔蘸清水，朝着一个方向快速铺水，千万不能来回涂抹，那样会形成难看的笔触。等水干之后，可以再用彩色铅笔调整一下细节。

案例3：春花组合（梅花、迎春、蜡梅）（图3-45至图3-48）

（2018年，写意风格，水彩）

2018年年初回郑州老家过春节，大年初二去紫荆山公园看春花。梅花花期刚到，香味清幽淡雅。宫粉为主，花蕾深玫红，绽放后的花朵则是温柔的浅玫粉，花丝蓬松纤长繁茂，黄色

图3-45　春花组合1

图3-46　春花组合2

图3-47　春花组合3

图 3-48　春花组合 4

花药如繁星点点。绿萼刚开，星星点点的花儿点缀在枝头，"梅格已孤高，绿萼更幽绝"，在一大片粉花之中更显得清爽高洁、玲珑雅致。一只食蚜蝇飞到一朵绿萼上，不仔细看还以为是蜜蜂呢！忽闻浓烈甘甜的味道，循着味道找到两种蜡梅，一种是素心蜡梅，花略大，色泽金黄，浓香扑鼻，闻之欲醉；另一种是红心蜡梅，低调小巧，颜色稍暗，味道似乎也淡了一点点。回去途中留心到一处迎春花开成一片花墙，六瓣小黄花一串串在阳光下耀眼闪烁，心情也跟着明媚起来。

　　赏过春花，便想要把它们画下来，用写意的方式。八开的细纹水彩纸，用铅笔勾出草稿，然后用01型号的灰色防水针管笔定稿，橡皮擦擦，便得到了清爽的线稿。然后是水彩染色，用了两根毛笔，一根小一点，负责蘸取颜料，另一根大一点，负责分染。这种画画方式很快，从打稿到完工只用了大半天，既表达了心情，又不占用过多时间。

　　案例4：天目地黄　玄参科　地黄属（图3-49）

　　（2017年，细腻风格，水彩）

　　2017年3月下旬去杭州，在植物园看到了倾心已久的另一种地黄——天目

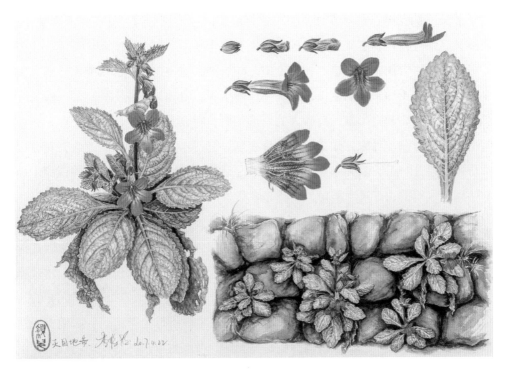

图3-49　天目地黄

地黄，深刻感受到只看照片的局限性，天目地黄和北方常见的地黄绝不仅仅是颜色的区别：天目地黄的整体植株更加高壮肥硕饱满；花儿也大得惊人，一朵足有五六朵地黄花那么大；花瓣的颜色是一种饱和度极高的玫粉，浓艳得晃眼睛。随后去了一趟天目山，看到了野生状态下的天目地黄，发现这种植物最喜欢长在墙上的石头缝隙里。凑近零距离观察天目地黄是非常过瘾的事——360度无死角饱眼福，摸一摸毛茸茸的花瓣，闻一闻甜香的味道，捡两朵自然脱落的花，剖开看看花筒里面藏猫猫的四根雄蕊……唯一的遗憾是，实在不舍得揪一朵盛放的花儿尝尝花蜜是不是和地黄一个味。还是希望如此美艳的尤物不要受到人类的干扰，继续自自然然地绽放和生长。为天目地黄画画的时候，我尝试了比较丰富的构图方式，在同一幅画上表现出整株、花蕾绽放过程、解剖图和生境。后来这幅画一直比较受关注，得到很多人的认可，证明这种方式是比较成功的。此后，我又尝试了几次多元素组合的构图方式，挺好玩儿的。

案例5：山丹　百合科　百合属（图3-50）

（2017年，细腻风格，水彩）

我见过的野花之中，最最热烈的，要属山丹。在荒凉的野山坡上，一团一团火焰般耀眼的花朵，那年6月我和小伙伴们爬山第一次看到，就被深深震撼了。山丹又名细叶百合，多年生草本植物，生长在干旱的向阳山坡或疏林草地，生命力极强，是百合属中分布最广、纬度偏北的一种。邂逅山丹的那次爬山，所见大多数都是三四十厘米高的植株，每株上一两朵花，唯独有一株例外。那一株长在悬崖边上，身高超过半米，有硕大的塔形花序，我数了一下，两朵正在盛开，还有十一个花骨朵。后来才知道一株山丹要度过三四年的幼苗期之后才会开花，以后每年会多开一朵，直到十三或者十四朵之后停止增加花数。在贫瘠的荒原上能够活到十多年的山丹凤毛麟角，而我是多么好运才能遇到它，必须画下来。

我平时画画都喜欢画柔光的感觉，就是强调本色、弱化光影。但是这幅，我想画出太阳光直射之下山丹那种倔强倨傲，必须强光的画法才适合了。果断在深色的底色上留出高光的区域，或者在浅淡的底色上大胆画出深色的影子，才是强光的样子。仔细看看阴影的暗色之中，能看到一些环境色（譬如花茎上的阴影，会透出旁边花瓣的红色），这是画像阴影的小秘密。不过要用画笔自如地表现这些秘密，首先要让自己的眼睛捕捉到这些秘密，我经常强调"细致的观察贯穿了博物绘画的始终"，此处也是这个道理。

图 3-50　山丹

案例6：铁皮石斛　兰科　石斛属（图3-51至图3-54）

（2018年，细腻风格，丙烯）

2017年6月，我计算着花期，专程赶去湖南新宁县看铁皮石斛，却因为连日大雨，未能进山亲眼近观野生的状态，只是拿着望远镜遥望了一下崖壁上极其模糊的"仙草"倩影。在铁皮石斛的种植基地里，只能看到现代化的种植床上的规模化种植场景，以及模仿野生状态种植的粗放型种植场景。因为正是盛花期，铁皮石斛花叶葱郁，可以尽情凑近观察拍照过瘾。虽然采到了海量的素材照片，但是并没有一柱完美的"模特"。就是这样，对于博物绘画来说，"自然界不存在一株完美的模特"。植物的自然生长可能遇到各种情况导致"模特"的不完美，譬如叶片的残缺、花果的变形、枝条的扭曲等等，需要在绘画时修正。有时，一个"模特"无法表现我们想要的所有特点。所以，参考照片画植物并不是对着一幅照片"比葫芦画瓢"，而是需要对目标物种的结构特点和生长规律加以总结，因而画画的过程并不是简单的图像复制，而是有目的地选择、改造、表达，使之画出来后显得"宛如天生"，绝对考验画者的创作功力和绘画技巧。大多情况下，每幅作品的背后，都是几张甚至几十张照片，还要查阅植物志等资料，直至看清和搞懂所有的细节，然后才能动笔，画出坚定的线条，染出清晰的层次，准确表现细部结构。

我最终选择了一丛比较苗壮的"主模特"，分析出它的不足——植株整体不够饱满，花大多为侧面或者背面，因而花朵的视觉冲击力不够。因此我改造"模特"的方式主要是增加植株和增加花朵的数量，尤其着重增加正面的花朵。四开的细纹水彩纸，光是铅笔草稿我就磨了三天，过程很是烧脑。铅笔稿之后，我用01型号的灰色防水针管笔勾勒了所有的轮廓，然后用丙烯上色。上色过程虽然更漫长（大概一周多的业余时间，累计二三十个小时），但确实是非常愉悦的过程。丙烯的技法是曾孝濂老师教授的"薄画法"，就是把丙烯颜料加水调成稀稀的水乳状，一层一层上色，每一层都要等上一层彻底干燥之后再上色。丙烯干了之后就会牢牢地附着在纸面上，不用担心像水彩那样画的层数多了底层颜料可能翻上来，所以很适合细腻风格的博物绘画。但是丙烯画一旦干燥即不可擦洗，所以，每一层都要小心斟酌，不要把颜色染得深过头了。

图 3-51 铁皮石斛 1

图 3-52 铁皮石斛 2

图 3-53 铁皮石斛 3

图 3-54　铁皮石斛 4

五、绘画器材的准备

1.统一准备（图 3-55）

可以倾斜的画桌，或者画架。

市面上常用的画架有立式画架和桌式画架，可根据自己的条件来选择，目的是在画画的时候颈椎保持放松的竖直状态，保护好自己的颈椎。如果是在一个没有画桌和画架的临时场所想要画画，可以用几本书摞起来，画板的一侧搭在上面，制造出倾斜的角度。

明亮柔和的光源。

如果只在白天画，利用的是自然光，需要注意让自己处于适度明亮的位置，要避免让太阳直射到画纸而太过刺眼，也要在阴雨或者傍晚天色昏暗时及时停笔。

如果希望能够长时间绘画，则要配好灯光。灯的选择：一是足够明亮，最好亮度可调，调试出可轻松看清楚又不刺眼的亮度；二是选正白色的灯光，颜色

图 3-55　绘画基本工具

过冷或过暖都会影响到颜色的选择和效果的表达；三是灯的光源面积尽量大而均匀，点状的光源显然不合适，线或者面状的才可以；四是要注意灯具安放的位置，以绘画时看不到自己的手产生的影子为佳，所以照明灯一般安放在自己的左上方比较合适。

2. 画线稿的工具

普通白纸。因为只是用来画线稿的草稿，随便什么白纸都可以，经济实惠为佳。我常用的是普通 A3 和 A4 打印纸，有时不够大，我就把几张打印纸粘起来拼接出一张大白纸。

硫酸纸。半透明，用于拷贝线稿。常见的规格有 A3 和 A4 大小，也有 1 米宽幅的整卷，可以根据自己的需求选择。

纸胶带。随手就能撕断，弱黏性，粘过再撕掉之后，纸面上不留胶痕。适用范围很广，裱纸、留白、固定……很便宜，可以一次多买几卷不同宽度的慢慢用。不仅画画的时候能用，日常生活中也经常能发现纸胶带的妙用，真是居家旅行必备神器呢。

透写台。用于拷贝线稿，通常 A4 大小就够用了。品质好的透写台光线明亮均匀，可以透过最多 300 克左右厚度的水彩纸，使用起来还是挺方便的。

铅笔。普通铅笔的硬度由 B 和 H 来表示，分别是 black 和 hard 的首字母。B 的数值越大，笔芯就越软，画出的颜色就越黑；H 的数值越大，笔芯就越硬，画出的颜色就越浅。线稿阶段，太软太硬都不适合，一般使用 2B、B、HB、H 就可以，偏硬一点的先用来勾画初始草稿，偏软一点的后用来勾勒准确线稿。自动铅笔也是很好的选择，不仅使用方便，铅芯也有软硬的选择，我常用的是日本樱花的 0.3mm 自动铅笔，轻巧又耐用，便携又便宜。我总是一次买好几支，分别装上不同软硬的铅芯，放在伸手可及的地方，随时拿过来使用。

橡皮（绘图橡皮、橡皮笔、可塑橡皮）。

裁纸刀（或卷笔刀）。

3. 墨线图的工具

纸。卡纸、漫画用纸，或者其他细致光滑的纸张。

笔。硬笔或者软笔。

软笔墨线图常使用传统毛笔或者各种软头的美工笔配合墨水来绘画。

硬笔墨线图常使用蘸水笔（配合墨水）或者针管笔。

4. 彩色铅笔画的工具

纸。油性彩色铅笔对纸的要求不高，只需要考虑纸面的粗糙程度：纸面太粗糙则不利于表达细节；纸面太光滑则挂显色度不佳。所以有一点厚度的白色绘图纸或者牛皮纸都可以。

水溶性彩色铅笔，由于绘画过程中要使用水，所以应当选择耐水的纸张，中粗或细纹的水彩纸比较常用。

笔。衡量彩铅优劣的标准——笔芯软硬适中、顺滑无颗粒感、着色力强、颜色鲜艳。不同品牌、不同系列的彩色铅笔，铅芯的软硬有区别，表现的效果也有不同。如果喜欢粗犷风格的，可以选择笔芯偏软的铅笔；如果是细腻控，就选笔芯偏硬的。

彩色铅笔没办法调色，只能通过叠色来达到想要的彩色效果。但是，叠色的层数是有限的。建议选择至少48种颜色的彩色铅笔，颜色足够丰富，更容易通过叠色达到理想的效果。

市面上的整套彩色铅笔都是每色一支的配比，而在绘画过程中，各色铅笔的使用速度有很大差异，有些马上用完了，有些还几乎没有用过。因此，很多品牌的彩色铅笔都提供单色铅笔以供补充，对于偏爱植物绘画的，可以一次多补充些各种绿色铅笔留作备用。

刀。可以用卷笔刀也可以用裁纸刀。彩色铅笔使用起来，笔尖应当一直保持比较尖锐的状态，所以，选择锋利便携的刀具是个有力的保障。

毛笔。水溶性彩色铅笔经常搭配毛笔来使用，可以表现出更加鲜艳和自由的色彩效果。毛笔的选择并没有什么严格要求，自己用得顺手就好。两支一般就够用了：一支中等大小的用于彩色铅笔染色后铺水，一支小小的用来调整细节。

笔帘。购进的彩色铅笔一般都是纸盒或者铁盒，日常收纳和携带不够方便，选色时也不够直观，如果搭配笔帘使用，能够便捷许多。

5.水彩画的工具

纸。对于水彩作画来说，无论考虑到作画过程的感受还是最终呈现出的效果，选择使用高品质的水彩纸都非常必要。琳琅满目的水彩纸中，选择时主要应考虑的有五个方面：

a.纹路。水彩纸的粗糙程度有多种选择——极细纹、细纹、中粗纹、粗纹。选择什么样的纸要看想要表达的细腻程度。如果想要作细致绘画，极细纹、细纹都可以，有些中粗纹也可以。

b.白度。水彩纸的白色可以分成自然白、超白、高白等不同的白度。如果仔细比对，不同品牌的白色也略有区别，有些纸偏黄一点点，有的偏白一点点。如果是普通练习或成品用于装饰，这些差别并没有太大影响，但如果成品用于书籍插画，则要尽量选择白度高的纸张，减少调色印刷时的色差。

c.正反。水彩纸的一个角上会有制造厂商的钢印或者水印标识，能够正确辨认出的一面是正面。水彩纸的正面反面皆可使用，感觉有所不同。

d.薄厚。越薄的纸张，克重越少，能够吸附的水彩颜料也越有限。有从一百多克到四百多克的水彩纸可供选择。如果只是记录自然笔记等简单快速的写意方式，一百多克的水彩纸就够用了，但如果是喜欢细腻风格的水彩画，则需要选择至少300克的纸。

e.纸浆成份。分木浆、棉浆、混合浆等。吸水速度有不同，使用感受和效果都有区别。就我自己来说，我更喜欢使用纯棉浆的水彩纸。

大面积渲染需要裱纸，以免纸面变形。也可以选择四面胶封的水彩本，虽然省去了裱纸的烦琐，但是这种水彩本的尺寸只有固定的几个型号，而且价格偏高，选择时需要综合考虑。

注意事项：

a.适合自己的才最好：每个人的用纸习惯不同，多试几种品牌和型号，找到自己顺手的就可以基本固定下来反复使用了。

b.物尽其用：裁切下来的纸边、画失败的习作，不要随意丢弃，可以在调色时用于试色。

笔。俗话说"善书不择笔"，我认为不需要动辄几百块钱一支的水彩笔，但是，毫无底线地随便抓什么笔都用，可能因为不顺手而焦躁不安，当然也不利于作画。选择的最低标准是：笔毛平整顺滑聚锋、适度的弹性和含水量。

水彩颜料：国内外有很多厂家能够生产水彩颜料，具体的颜色有几十种甚至几百种，真是让人眼花缭乱。由于植物绘画常用的细腻风格非常节省颜料，为了在绘画过程中获得更加愉悦的感官体验，并实现尽量好的作品效果，建议选择时一次到位，同时要考虑以下这些问题：

a.水彩常见的有管状颜料和固体颜料，都可以选择使用，一般来说，固体颜料使用起来比较直观方便。

b.很多水彩颜料会有学院级和大师级的等级划分。相对而言，大师级的色料更加细腻稳定，色彩明亮，透明度也更好。而且好的品牌还可以补充需要的单色。

c.由于可以调色，没有必要选择颜色过多的水彩。上百种的色卡看上去炫酷，但却不是必需。一般来说二十几色、最多三四十色的水彩就足够使用了。

d.有些特殊制作的水彩，譬如金属色和珠光色，可以实现特殊的色彩效果，但需要注意的是，这种作品如果用于印刷复制，则很难再现原画的炫酷效果。

笔架。画笔洗干净后最好存放于笔架上。可以选择传统的中式笔架悬挂起来笔尖朝下晾干，也可以选择普通的笔筒或笔架，笔尖朝上晾干。

水彩调色盘。可以选择搪瓷或者陶瓷的调色盘，比较实用。

水罐。用于洗笔和调色。有商品可买，也可以使用生活中闲置的瓶瓶罐罐。

毛巾或纸巾。用于及时吸走笔头多余的水分。

针管笔。可以用来勾勒轮廓、补充细节或书写标注，一定要选择防水针管笔，以防污染画面。

白墨水。源于漫画用品，具有超强遮盖能力，可以用来勾画绒毛、尖刺，或者修复不小心画错的细节。

6. 丙烯画的工具

与水彩画的大多数工具一样，只是把水彩换成丙烯。需要注意的是：丙烯的干燥速度比较快，每次调色都需要特别添加几滴丙烯缓干剂，这样的话，绘画的过程就会比较从容了。

| 推荐书目 |

1. 铃木守、长谷川哲雄（2014）. 自然科学绘本——鸟巢、树、田野花虫. 田洁，译. 南昌：二十一世纪出版社.

2. 长谷川哲雄（2015）. 原野漫步——370种野花与88种昆虫的手绘自然笔记. 周竹君，译. 北京：人民邮电出版社.

3. 盛口满（2018）. 如何描画生物——观察自然的方法. 柴季薇，译. 北京：文化发展出版社.

4. 安娜·梅森（2015）. 最美水彩花卉圣经. 曹景鑫，译. 北京：中国青年出版社.

5. Rosie Martin、Meriel Thurstan. 水彩植物艺术——英国艺术家水彩调色的奥秘（2015）. 赵东蕾，译. 北京：人民邮电出版社.

6. Mary Ann Scott、Margaret Stevens（2014）. 水彩植物艺术——助你提升技法的11堂手绘课. 赵东蕾，译. 北京：人民邮电出版社.

本章作者：李聪颖，辽宁省葫芦岛市科技馆（E-mail：970385194@qq.com）

第四章　植物摄影技巧

随着生活水平的提高，人们对自然的关注在不断深入。行走在自然中，我们用眼睛看，用耳朵听，用鼻子闻，用手触摸，用身体感知……人们记录自然的方式多种多样，摄影、手绘、文字记录等都是时下比较流行的方式。摄影因为其器材简单（用手机或相机随时随地均可以完成），受到人们热捧。而对于植物爱好者来说，在野外的时间有限，怎样在有限的时间内，尽可能"准确"地拍摄植物照片，使照片能有效地服务植物鉴定和自然观察，就需要掌握植物摄影的技巧。

这里所说的技巧，并非相机的使用方法，也并非诀窍。这里所说的技巧，与其说是摄影技巧，更精确地说，应该是植物观察方法。植物摄影本身就是植物观察的结果，摄影照片代表着我们对植物的观察角度，代表着我们看植物的方式。只有我们改变了植物观察的方法和观念，我们拍摄的作品才会多角度、多元化、多层次，才能更直接、更准确地反映我们对于植物的深度观察。

植物摄影有别于自然界中动物、菌物的摄影。植物摄影，是用摄影器材来记录和展示植物生活史中不同阶段某个方面的特征。个人认为，植物摄影可有普通（艺术）摄影和科学摄影之分，前者主要追求好看，后者主要追求真实和清晰，以供科学鉴定之用。当摄影目的是用于鉴定时，科学的植物摄影有点类似医学上的摄影，而医学摄影已经发展成专门的一个学科——医学影像学，植物摄影目前仅是刚刚起步，尚没有专门的论述。

植物摄影需要从摄影时间、摄影尺度、摄影方式、摄影角度、摄影器材等几个方面综合把握，需要不断学习和巩固植物学知识及摄影基础知识（理论知识），同时多在野外做大量摄影实践训练。下面就从上述几点出发，重点阐述植物摄影的技巧。

一、植物科学摄影的时间、尺度、角度等特点

1.摄影时间的选择

摄影时间与摄影对象密不可分。打开相机拍照,一定是看到了值得拍摄的对象。就植物摄影而言,我们要从内心树立这样的观念:

(1)不同时期,物候期不同,植物生长状态不同,都值得拍摄。在北方,人们更愿意春夏上山看植物,花开满山头,是拍植物的好时期。其实,秋天一片枯黄的山野,是拍摄植物果实和种子的最佳时期,冬天是拍摄植物树皮、树形、芽苞、皮孔的最佳时节。一年四季,物候不同,看到的植物状态亦有不同。

(2)任何时期,只要出去,只要拍摄,就会有收获。要勇于跨出家门,常去大自然中走走。只要端起相机,走出家门,即便在小区楼下花园里、单位门口的雪松下,都会有拍摄对象。俯下身来拍摄,都会有所收获。

(3)另外,有意思的一点是,由于我们所用的阳历和植物物候节律其实是不同步的,因此不同年份同一个时间去同一个地点不一定能见到同一种植物在开花。持续拍摄一棵树、一株草,年复一年,作为朋友一样深度观察、记录、交流、对话,积累的照片和数据,是个人财富的增长,同时也可为气候变化研究提供证据和素材。

2.摄影尺度

宏观至微观,整体至局部。

对于同一植物,我们在拍摄时应尽可能多地从各个尺度拍照记录:百米级别、米级别、厘米级别、毫米级别、亚毫米级别。不同级别其实代表着植物的不同器官。不管是乔木、灌木还是草本植物,都需要拍摄整体照及局部的特写。

3.摄影方式

(1)直拍——原生境。即让植物保持在原有生活环境中,保持生长的原状,对植物整体的形态特征进行拍摄。(图4-1)

(2)抓拍——真的是用手抓,拍花枝、果枝等局部特征。对于植物的局部特征,需要用特写的方式,有时甚至需要用手固定植物的局部位置,比如茎、叶、花等进行局部拍摄。(图4-2)

(3)摆拍——在单色背景上拍,通常是黑色。对于植物的重点部位比如花

和果实的解剖图，以及叶子的变型等需要摆拍的对象，一般采集标本解剖完成后，在黑布上进行摆拍。注意：摆拍一般是为了研究，并不提倡公众在日常的植物观察及摄影中效仿。（图4-3）

（4）其他方式。特殊情境设计拍摄等。

4.摄影角度

想要通过照片还原植物在野外的状态，拍摄角度非常重要。根据植物的类型，乔木、灌木、草本、藤本等，在拍照时选择不同的拍摄角度。对于同一植物，想要特写某个部位的局部特征，也需要选择好拍摄角度。

（1）俯视——向下或斜向下，展示正面和上面。这主要是针对草本、灌木及藤本植物而言的。俯视可以拍清楚植物的整体正面。（图4-4）

（2）平视——水平拍摄，展示植株侧面特征。平视也主要针对草本、灌木而言。一般对于比较低矮的草本植物，想要拍平视的感觉时，需要趴在地上，相机与植物保持在同一水平线上。（图4-5）

图4-1　原生境：高山鸟巢兰

图4-2　抓拍：太行菊

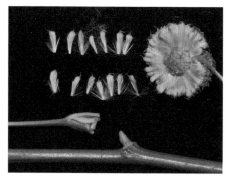

图4-3　摆拍：二球悬铃木

图4-4 俯视：太行菊

图4-5 平视：太行菊

图4-6 仰视：山杨

（3）仰视——往上拍，展示背面或拍大树用。这一点主要针对乔木及相对较高的灌木。想要显示植物的高大，也可躺在地上，从下往上拍。（图4-6）

（4）其他。

5. 摄影器材

（1）选择很多，专业相机、卡片相机、手机均可使用。现在的很多手机拍摄效果并不比相机差。起初学习时，注重观察角度、构图等，不用太关注器材。

（2）焦距范围尽量大，最好广角、长焦至微距都配齐。在野外看植物，一般会有目标物种，但往往也会有意外发现。所以一般上山看植物，如果是专门拍植物，建议携带的相机焦距范围尽量大。或者选择携带不同的相机镜头，广角、微距都能用得上。

（3）重要配套设备：背景布、GPS、闪光灯或补充光源。备足电池和内存卡。除了相机外，对应的一些配套设备也需要再三检查，特别是背景布，在拍摄解剖图时非常必要。

（4）三脚架、单脚架也可以有。脚架是为了更好的画质，条件允许的话，可以考虑携带。

（5）根据自己的拍摄目的，器材在带齐的同时，以轻便为好。

二、植物科学摄影的要求、流程和对象

1. 一般要求

对焦准确：最基本要求，熟悉相机，拍照前找准焦点或焦平面。

曝光正确：避免曝光过度，过暗比过亮要好；阴影处理；闪光使用。

白平衡正确：一般用自动，特殊花色需要调整（紫色、黄色）。

主体突出：植物常成丛或杂乱，要理出主体，并尽量占据较大的画面。

细节丰富：细节越多，价值越大。尽可能地拍摄目标物种的各个细节。

角度多样：远近、高低、上下、前后、左右、正反、内外，多角度全方位。

2. 进阶要求

背景虚化：更加突出主体，拍出美感，一般长焦镜头更容易实现。

构图美观：取决于个人审美修养及创造力，需要拍摄者多提高审美水平，多看，多练，不断琢磨，提高能力。

3. 具体流程

植物摄影，不是看见植物马上拍摄，而是要先观察，各个角度观察完了，再按一定流程操作。

一般流程：

生境—整体（单株或群体）—根（特殊结构）—茎（乔木需拍树皮）—枝条（花枝或果枝）—叶（正反面）—花（果）序—花（果）—其他（特殊构造）。

进阶拍摄：

根据拍摄对象，对照植物志上的描述或检索表所用特征进行逐一拍摄。

4.摄影对象

整体到局部、宏观到微观地进行拍摄。下面以乔木雪松和草本诸葛菜为例，展示对以下各项目的逐一拍摄。

生境：生境是植物生活的环境，通过生境的拍摄，可以看出植物生活的野外环境，如崖壁、湿生、草甸、沙漠、山石堆、茂密森林等，生境不同，所看到的物种不同。（图4-15）

单株（群体）：不管是乔木、灌木、草本还是藤本植物，都需要一张植物的整体照片，像人的单人照一样。整体照拍摄时，注意应把地上部分拍摄完整。（图4-7、图4-13、图4-16、图4-18）

根：一般我们在做科普推广时，不建议对植物"动手动脚"。而对植物进行科学拍摄，搜集其各个部位的照片资料，也包括根部。这就需要挖开植物，拍摄根部。一般拍摄完，有两种处理方式：将其根部带回引种至植物园，或原地栽种回去，浇水，尽量保证其存活下去。我们在进行植物科学拍摄时，不能忽略根部拍摄。这里一般指的是草本和灌木的根部。（图4-19）

茎：木本植物和草本植物的茎的关注点有所区别。对于木本植物，茎主要拍摄树皮、毛被、皮孔、芽等；对于草本植物，茎主要拍摄质地、叶鞘、毛被等重要的分类特征。（图4-8）

叶：拍摄叶子时应注意从多个角度拍摄，完整的叶片、正反面、一些特殊构造的重点拍摄等。（图4-17）

花：花是植物最重要的器官，大多数人拍植物主要拍的是花，并且常常从一个角度拍花。而进行科学摄影，拍花需要我们从正反面、整体和局部特写、二型性和多型性等不同方面进行拍摄。一些植物的花非常小，拍摄时不要忽略不起眼的小花，小花的微观世界也在承载着繁殖的大任务。（图4-9、图4-10、图4-20、图4-21）

果：对于果实，尽可能从其外形、横切面、纵切面等角度拍摄。（图4-11、图4-12、图4-22）

种子：虽然种子形态直接用于分类的相对较少，但事实上，种子的形态千变万化，信息极为丰富，不同种类植物的种子几乎都不一样。种子本身的尺度也是极富变化的，有重达15公斤的海椰子，也有细小如灰尘的兰科种子。尽管一般认为拍种子要用解剖镜，现在的摄影器材包括小卡片机也能完成种子的微观拍摄。需要强调的一点是，拍摄种子时要尽量放上标尺。（图4-14、图4-23）

　　其他：植物的一些附属器官，比如花枝、果枝、吸盘、枝刺等，也需要重点拍摄。

图4-7　雪松植株

图4-8　雪松树皮

图4-9　雪松雌球花

图 4-10 雪松雄球花

图 4-11 雪松球果

图 4-12 雪松球果横切面

图 4-13 雪松幼苗

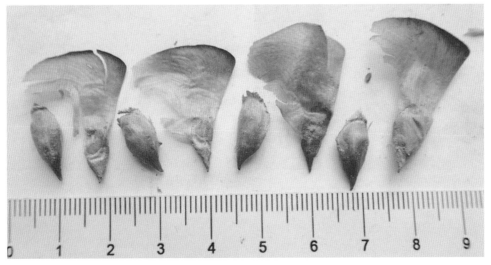

图 4-14 雪松种子及种鳞

图 4-15 诸葛菜生境

图 4-16 诸葛菜单株

图 4-17 诸葛菜 基生叶

图 4-18（右页图） 诸葛菜花期植株

图4-19　诸葛菜根

图4-20　诸葛菜花序

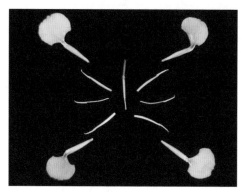

图4-21　诸葛菜花的解剖图

图4-22　诸葛菜果序

图4-23　诸葛菜种子

三、不同类群植物的摄影要点

中国是世界上植物资源最为丰富的国家之一，已知有 35000 多种野生和重点栽培的高等植物，其中特有种达 15000 多种。行走在自然中，我们不确定会遇见哪个类群、哪些物种，但不同类群具有一些相似的特性，可以作为摄影要点提炼出来，供大家参考。

1.石松类和蕨类植物

石松类和蕨类植物共 51 科，中国有 2000 多种。（表 4-1）

石松类和蕨类植物拍照的关键在于拍摄孢子囊（群、穗），由于孢子囊群通常位于石松类和蕨类叶子背面，因此背面是其关键。另外，秋季孢子囊群成熟较好。（图 4-24 至图 4-30）

表 4-1 石松类和蕨类植物科列表

中文科名	拉丁科名	中文科名	拉丁科名
石松科	Lycopodiaceae	瘤足蕨科	Plagiogyriaceae
水韭科	Isoetaceae	金毛狗蕨科	Cibotiaceae
卷柏科	Selaginellaceae	丝囊蕨科	Metaxyaceae
木贼科	Equisetaceae	蚌壳蕨科	Dicksoniaceae
松叶蕨科	Psilotaceae	桫椤科	Cyatheaceae
瓶尔小草科	Ophioglossaceae	袋囊蕨科	Saccolomataceae
合囊蕨科	Marattiaceae	花楸蕨科	Cystodiaceae
紫萁科	Osmundaceae	番茄蕨科	Lonchitidaceae
膜蕨科	Hymenophyllaceae	鳞始蕨科	Lindsaeaceae
罗伞蕨科	Matoniaceae	凤尾蕨科	Pteridaceae
双扇蕨科	Dipteridaceae	碗蕨科	Dennstaedtiaceae
里白科	Gleicheniaceae	冷蕨科	Cystopteridaceae
海金沙科	Lygodiaceae	轴果蕨科	Rhachidosoraceae
莎草蕨科	Schizaeaceae	肠蕨科	Diplaziopsidaceae
双穗蕨科	Anemiaceae	链脉蕨科	Desmophlebiaceae
槐叶蘋科	Salviniaceae	半网蕨科	Hemidictyaceae
蘋科	Marsileaceae	铁角蕨科	Aspleniaceae
伞序蕨科	Thyrsopteridaceae	岩蕨科	Woodsiaceae
柱囊蕨科	Loxsomataceae	球子蕨科	Onocleaceae

续表

中文科名	拉丁科名	中文科名	拉丁科名
垫囊蕨科	Culcitaceae	肾蕨科	Nephrolepidaceae
乌毛蕨科	Blechnaceae	藤蕨科	Lomariopsidaceae
蹄盖蕨科	Athyriaceae	三叉蕨科	Tectariaceae
金星蕨科	Thelypteridaceae	蓧蕨科	Oleandraceae
翼囊蕨科	Didymochlaenaceae	骨碎补科	Davalliaceae
肿足蕨科	Hypodematiaceae	水龙骨科	Polypodiaceae
鳞毛蕨科	Dryopteridaceae		

图 4-24 小卷柏

图 4-25 小卷柏

图 4-26 垫状卷柏

图 4-27　中华卷柏

图 4-28　江南卷柏

图 4-29　红盖鳞毛蕨

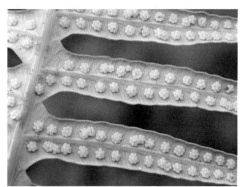

图 4-30　芒萁

2. 裸子植物

裸子植物在中国有 12 科 67 属 400 多种（含引种）。（表 4-2）

裸子植物多数为乔木，需要拍照的部位较多，从森林、树形、树皮到枝条、针叶、大小孢子叶球再到球果，想要将一个物种拍全，需要花点功夫。（图 4-31 至图 4-35）

表 4-2　裸子植物科列表

中文科名	拉丁科名	中文科名	拉丁科名
苏铁科	Cycadaceae	松科	Pinaceae
泽米铁科	Zamiaceae	南洋杉科	Araucariaceae
银杏科	Ginkgoaceae	罗汉松科	Podocarpaceae
百岁兰科	Welwitschiaceae	金松科	Sciadopityaceae
买麻藤科	Gnetaceae	柏科	Cupressaceae
麻黄科	Ephedraceae	红豆杉科	Taxaceae

图 4-31 苏铁

图 4-32 苏铁

图 4-33 苏铁属

图 4-34 苏铁属

图4-35 苏铁属

3. 被子植物

被子植物在中国原产258科，引入55科（其中6科归化）；中国原产2872属，引入1605属。被子植物种类繁多，从摄影角度出发，除遵循前面提到的技巧外，不同类群也各有差别。但一般遵循拍齐、拍全各个器官的原则。很多植物需要在不同时间追很多次才能完成花、果照片。（图4-36至图4-46）

图4-36 狗娃花植株（整体）

图4-37　狗娃花花序背面（局部特写）

图4-38　狗娃花花序正面（局部特写）

图4-39　狗娃花花序纵切（局部特写）

图4-40　狗娃花种子（局部特写）

图4-41　狗娃花未成熟的种子（局部特写）

图 4-42　巨针茅果序

图 4-43　红毛草果序

图 4-44　小草

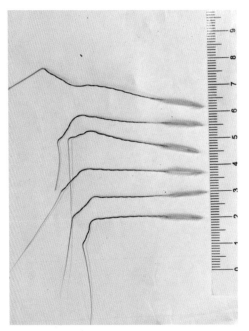

图 4-45 巨针茅的针茅特写 图 4-46 法利龙常草的种子特写

　　植物科学摄影是一门长期的、需要不断实践的课程，同时也需要拍摄者自身专业素养和审美修养不断提高。路漫漫其修远兮，希望大家能在植物科学摄影的路上产出更多科学而唯美的植物照片。

本章作者：林秦文，中国科学院植物研究所高级工程师（E-mail：linqinwen83@163.com）

第五章　全球视角下博物学在科学新闻传播中的应用

—— 以北极圈地区 32℃ 高温事件的新闻分析为例

　　以博物的眼光和胸怀，像达尔文那样灵活自如地运用多学科的知识、观点和方法观察和综合分析在大自然中发生的事，曾经是我们的前辈认识和了解客观世界的方式之一。随着人类各项才能的深入发展，每个学科都有了长足的进步，学科分工逐渐细化，让我们渐渐忽略了像博物学家那样以宏观的视野分析自然世界的能力，每个学科都试图用自己各方面的知识和方法来解决自然科学问题。但大自然本身，是一个互相关联的整体，而我们今天所面对的越来越多的问题，往往也不是一个学科所能够解决的，因此我们应该让大家看到，一直被我们当作现代科学早期形态的博物学，以它所特有的研究方法和看待自然界诸多问题的宏观视角，仍可作为当代科学学科和方法的补充，在"全球气候变化"这类与众多学科相关联的科学问题上，更能够发挥其所长。值得一提的是，观察和描述——这些博物学的研究方法，是人类认识自然界的基本手段，较现代科学所普遍使用的数理研究方法更为亲切且简便易行，而传统博物学中所包含的学科内容又十分丰富有趣，特别适合在公众科学教育中发挥作用，应成为今后科学传播、宣传的重要手段。

　　下面以 2018 年夏季，一则"北极圈周边出现 32℃ 高温"新闻事件在传播过程中所引发的一系列不实报道和它们所造成的社会影响，以及笔者是如何借助博物学的视角及方法纠正这些不实报道所造成的影响为例，阐明上述观点。

一、新闻事件主体

图 5-1　杂志中的文章页面

"据外媒电　当地时间 7 月 30 日下午 2 点 30 分，位于北极圈内的挪威班纳克地区（大概位置在北纬 70°、东经 24° 附近）都测到了 32℃ 的高温，而该地区周末两天也都分别达到 31℃ 和 30℃。班纳克地处北欧顶端，高于北极圈下缘 560 千米。此外，挪威西部的峡湾地区也在近日飙上 33℃ 高温……"

这则新闻源自一直关注北极地区生态环境的加拿大杂志 *Digital Journal* 发表的一篇名为 "Temperatures in the Arctic Circle hits 90° Fahrenheit this week"（JUL 31, 2018）的文章。（图 5-1）其标题很直白，就说"北极圈附近本周测得 90 华氏度（32℃）"，没下任何定义。虽然新闻的题图、导语中使用了北极熊的照片和"北极圈——北极熊的王国……"这样的话，但正文通篇再没有提及任何关于北极熊和它们具体栖息地的情况。始终在说一个主题，那就是欧洲各地气温有各种异常，而这样的异常，提醒人们，地球变暖的速度比人类预计的要快。

二、对新闻后遗效应及公众理解的分析

由于外媒提供的原始新闻素材中，没有对所描述地区的历史天气作详细描述，并且配了不恰当的插图和导语，我国一些专业性不强但受众面广的新媒体就误认为：有北极熊分布的地区出现了 32℃ 的高温。

实际情况是，新闻发生地的夏季不仅没有大面积冰雪，并且也根本不是北极熊栖息地，那里距离北极熊真正的栖息地还远隔浩瀚的挪威海和巴伦支海。

被众多新媒体重新"炮制"过的新闻一经发表，立刻引起一片哗然，一周之内，以"连北极都32℃了，哪里才能救我一命""32℃高温下北极熊濒临灭绝：北极熊的今天，就是人类的明天""32℃北极圈，要热死熊了""北极圈32℃，这个地球的空调正在瘫痪……""32℃的北极圈！绝望的北极熊！背后隐藏的原因令人细思极恐""北极成火炉！气温超32℃！"……为标题的文章获得了数以千万计的浏览量。（图5-2）

仅从这些文章的标题看，显然就有令人恐慌的因素在内。而从内容看，这些文章大多与高温即将引发生态灾难、北极熊即将灭绝有关，并配以灾难电影海报或恶性环境事件的历史图片。新媒体的传播速度很快，随着一系列微信公众号文章的推送，一时间这就成为关注度最广的"科学新闻"。而公众的理解是——本该冰天雪地的

图5-2　微信文章标题截图

北极，竟然会有32℃的高温，在冰雪环境下生存的北极熊即将灭绝，而这是否意味着即将发生更为恶劣的生态灾难……

很显然，这是由于一些新媒体把原新闻中的"北极圈地区"等同于整个"北极地区"，继而等同于"北极"，这是地理概念混淆所造成的，而"北极"和"北极地区"在普通公众眼里，应该都有着冰天雪地的景观，并且是北极标志性动物——北极熊的家园。

笔者2016年、2017年、2018年的北极科考工作刚好在上述新闻事件发生地区开展，因此利用"科学网"博客及公众号、"澎湃新闻"客户端等自媒体、新媒体，发表了自己的看法，随后接受了《中国科学报》《人民日报》等媒体记者

的专访，对以上不实言论进行了纠正。在上述活动中，笔者主要是依赖于博物学（动物学、植物学、地貌学等）及其相关学科（地理学）的记录、取证、描述方式进行分析的，从公众的反馈看，大家对博物学方式下的客观解读不仅表示易于接受，且持欢迎态度。

三、以地理学概念对新闻发生地作阐述和分析

今天，"北极"这个词，早已不是仅仅特指北极点，它还多被用来描述北极圈内的各个地方和整个北极地区。

北极圈，北纬 66°34′ 纬线圈，其实是一个假想圈，因为地轴是倾斜的，所以地球在围绕太阳转动时，两极地区总有一部分区域整日得不到阳光，而有些区域又终日阳光普照，这就是极夜和极昼。出现极昼和极夜的区域就在南纬和北纬 66°34′ 和 90° 之间，于是人们就把 66°34′ 的纬线圈定义成极圈。

北极地区，是以北冰洋（占总面积的 60%）构成其海洋部分，以亚洲、欧洲和北美洲北部的北极圈内地区的陆地和海岛构成其陆地部分的区域，总面积超过 2000 万平方千米，相当于两个欧洲那么大。

因此，所谓的北极圈地区不过是整个北极地区的最南部。而新闻中的北极圈地区所包含的意义更为不同。新闻发生地位于斯堪的纳维亚半岛北部，挪威西北海岸的北纬 70° 地区，实际上是整个北极圈地区最为温暖的一个区域，因为这个区域的海岸正好是北大西洋暖流影响的范围，对比其他同纬度地区，如北美洲和亚洲的北极圈地区，要温暖湿润得多。

也就是说，北极圈附近的某一地区，特别是有暖流经过的地区在盛夏季节出现短暂高温，并不能代表整个北极地区甚至北极核心区的气候在短时内有所改变。

四、地方博物学（动物、植物、古冰川地貌、畜牧等）视角解析

下面，我们可以通过历年的考察所收集的资料，沿挪威西海岸，由北纬 65° 进入北极圈地区，至新闻事件发生地挪威西北海岸的北纬 70° 地区作一番夏季的博物学观察，以了解该地区历史上的气候环境情况。

1. 北极圈外侧地区（北纬65°左右）

图5-3中是非常温暖的冰川融湖（你看周围的植被，这个湖可不是近年来才融化出来的），四周是以桦木科和杨柳科构成的阔叶林，高处是欧洲云杉构成的针叶林。

图5-3　冰川融湖

图5-4中是接近北极圈的花海，这些黄色的花几乎都是株高30厘米以上的蒲公英和毛茛。

图5-4　花海

　　周边海拔400米左右的牧场上发育有株高15～20厘米的禾本科牧草草场，可饲养不十分耐寒但出肉率非常高的海福特牛。（图5-5）

图5-5　禾本科牧草草场

　　耐冷凉而不耐寒冷的食用大黄被种植在山间，它的叶柄可以吃，当地人拿它做果酱。（图5-6）

图5-6　食用大黄

好吃的茶藨子硕果累累且枝繁叶茂，这里距离北极圈还有最后百千米。（图5-7）

图 5-7　茶藨子

晚间遇到驯鹿北欧亚种，在平均株高 10～30 厘米的草地上休息。（图 5-8）

图 5-8　驯鹿北欧亚种

2. 北极圈（北纬 66° 34′ 及北极圈内缘附近）

盛夏季节的柳兰盛放出娇艳的花朵。（图 5-9）

图 5-9　柳兰

如果你不看屋顶上的纬度标识，你能想象出这掩映在高草与矮树丛中的建筑就是著名的北极圈中心吗?（图 5-10）

图 5-10　北极圈中心

　　进了北极圈你以为该冷了是吧？不，由于受北大西洋暖流的影响，这里十分温暖湿润，夏季出现30℃以上的温度不足为奇。你看这欧洲赤松长得多好，这样的森林也不是短时间内形成的。（图5-11）

图5-11　欧洲赤松林

　　北极圈以北70千米，你能感觉出这里是北极吗？这里的牧场也不是近几年才有的。（图5-12）

图5-12　北极圈以北70千米风景

这是在该地区找到的第四纪冰川晚期（10万～1万年前）冰川遗迹——冰臼，现在这一区域，既没有冰也没有雪。（图5-13）

图5-13 冰臼

3. 罗弗敦群岛（北纬68°左右）

图5-14中是美丽的罗弗敦群岛中部，北纬68°多一点儿，进入北极圈都1°多了，远处冰斗里的冰川可不是近些年才融化干净的。海拔高的地方有一点点白，那是春天未融化尽的积雪。你再看这里，阔叶林、针阔叶混交林、针叶林，一个也不少，林下的生物不知有多丰富。

图5-14 美丽的罗弗敦群岛中部

　　这是在该地区找到的第四纪冰川晚期（10万～1万年）冰川遗迹——冰斗，但其中已经没有冰了。（图5-15）

图5-15　冰斗

　　我在这里测量到盛夏季节的柳兰平均株高是50厘米，注意，我在这里穿短袖。（图5-16）

图5-16　测量柳兰株高

4. 新闻事件发生地（北纬 69°～70°）

这里是罗弗敦群岛去往挪威北极城市特罗姆瑟的路上，北极圈以北 2°多，路边处在盛花期的柳兰高度超过 60 厘米，森林以欧洲云杉与欧洲赤松构成的针叶林为主。（图 5-17）

图 5-17 从罗弗敦群岛去往特罗姆瑟的路上

这是北纬 69°多一点的挪威北极地区最大城市——特罗姆瑟的郊区，你看这里草高林密，给萨米人驯养的驯鹿以丰富的口粮。（图 5-18）

图 5-18 特罗姆瑟郊区

北纬70°地区还有适合温湿气候的兰科植物。（图5-19）

图5-19 兰科植物

在北纬70°附近，一只温带地区分布的水鸟——蛎鹬在花草树木间享受和暖的夏天。（图5-20）

图5-20 蛎鹬

北纬 70° 附近的咸水沼泽
和沼泽中疯长的禾本科植物。
（图 5–21、图 5–22）

以上例证，从不同角度
证明了新闻发生地点虽然地处
北极圈以北，但这里却本就是
一个温暖、湿润的地方，不同
于其他北极地区或北极圈周边
地区，温度和湿度都要高得
多，并且由来已久。

众所周知，地球的两极，
南极比北极冷，南极地区是一
片被寒冷海流完全隔绝的无
常住居民大陆，而北极地区则
是被周边陆地包围着的海洋。
与陆地相比，海水的散热要

图 5–21　咸水沼泽

图 5–22　疯长的禾本科植物

慢得多，也就是说热能可以较长时间地保留在海水中，因此北极比同有"冰雪世界"之称的南极要暖一些，而新闻发生地周围长年还受到从低纬流向高纬的北大西洋暖流影响，就会更加的温暖。近年来，这里8月盛夏的日间温度多在17℃～28℃之间，如遇热浪来袭，或恰逢正午或午后气温最高时段，而此时大气能见度好，阳光照射特别强烈，偶然出现短时间的32℃的高温记录，总体说来，还是符合气温逐渐变化这一客观规律的。当然，我们要把这个数字记录在册，然后为我们的生存环境去设想一个更为长远的应对策略。而"细思极恐"、大惊小怪、言辞过激的舆论，则很容易引发不必要的恐慌或其他社会问题。

全球气候变化问题是一个宏观的科学问题，而博物学的视角也是宏观的，综合该地区长期以来存在着的动物、植物、地貌以及古地理等博物学范畴的知识，通过实地观察，来解读这则新闻本身，其来龙去脉就会清晰明白。

北极乃至全球的夏季越来越热，这是一个不容置疑的事实。可我们必须明确的是，地球的变暖并不是这一两年或者自工业革命后才出现的事情。在距今1.5万年以前，我们的地球一直处于一个漫长而寒冷的冰期之中，这次冰期被称作"第四纪冰期"，是地质史上距离我们最近的一次冰期，这次冰期使得北极冰盖向低纬度延伸至大约北纬40°（北美洲）～50°（欧洲）的位置。冰期结束后，地球开始回暖，北极冰盖渐渐向极点方向退缩，雪线升高，也就是说，我们目前处在一个冰期与另一个冰期之间的"间冰期"阶段。虽然我们目前还不知道地球表面气温还会继续上升多少，但至少目前还远远没有达到地球孕育生命以来最和暖时期的温度。因此，应对全球气候变化，是人类一项长期、持续的战略任务，我们一方面要正视客观的自然规律带来的变化，一方面还要努力应对这些变化带给我们的各种生存问题。更值得注意的是，我们还要考虑延缓这些变化的方法，为全人类赢得时间来解决、适应和应对这些变化所带来的生存问题，因势利导地保护好我们赖以生存的自然环境。可无论如何，这些问题都不是单个学科所能独立解决的，古老的博物学及其方法、传统的回归，为我们解决这些宏观的、多学科交叉的自然科学问题提供了一条良好的出路。

本章作者：段煦，博物学独立学者（E-mail：duanxu2176@sina.com）

第六章　APG IV 系统介绍

　　被子植物是现存高等植物最为繁盛的类群，约30万种，是陆地植被的主要组成成分。搞清科、属和种的数量和范畴对认识全球和区域生物多样性有重要价值。分子系统学的快速发展，使很多被子植物的科和属的范畴发生了变化。APG 系统即为一例。

　　APG 系统（或称 APG 分类法）（APG, 1998）是被子植物系统发育研究组（Angiosperm Phylogeny Group）以分支分类学和分子系统学为基础提出的被子植物新分类系统，自 1998 年首次提出后，近年来又相继推出了三个修订版本（APG II 2003，APG III 2009，APG IV 2016）。

　　APG 系统的第一版——APG I 系统（发表时无版本数字，仅叫"APG 系统"）发表于 1998 年，第二版 APG II 系统发表于 2003 年，第三版 APG III 系统则发表于 2009 年。在 APG III 系统发表的同一期刊物上，APG 给出了其中各科的顺序排列版本，另文单独发表。2011 年，APG 的两位学者里维尔和切斯又用林奈系统框架把它处理成阶元式的顺序排列版本，其中包括了超目这一等级。APG IV 系统是第四版，于 2016 年发表在《林奈学会植物学报》（*Botanical Journal of the Linnean Society*）上，系在前述成果的基础之上，结合 7 年来的一些新研究成果修订而成，在其中也给出了林奈系统的阶元式顺序排列目录，但没有列出超目。

　　APG IV 系统共有 64 个目，416 个科，数目适宜，便于应用和教学。因此，国际植物分类学界有不少人推荐用 APG IV 系统代替传统分类系统，作为学术研究和科学传播的基础工具和交流框架。与 APG IV 系统类似，裸子植物以及石松植物和蕨类植物也有基于分子系统发育的新系统，即克里斯滕许斯裸子植物系统和 PPG I 系统。

下面以单系、并系、多系的概念展开，简单说一下APG系统处理科的原则。

话说天下大事，合久必分，分久必合。生物类群也是这样。历史上不同作者曾经提出了不同的分类观点，大到门、纲级别的分类系统，小到属、种级别的分类修订。被子植物是研究最多、最受关注、与人类生活最为密切的一个植物类群，自达尔文提出进化论以来，很多前辈学者依据其思想提出过各自的分类系统，如影响力比较大的Bentham & Hooker系统、Engler系统、Hutchinson系统、Cronquist系统、Takhtajan系统。

不过，自从20世纪末APG系统提出之后，对于被子植物大部分科的范畴划定，在学界逐渐达成了共识（仅少量类群存在争议），那么APG系统是如何击败传统分类系统，达到这么广泛的认可度的呢？其实它主要用了两个工具，一是分子系统学，一是分支分类学，以单系的原则划定每一个科级类群，对一些传统概念上的科进行拆分、合并或重组处理。

很多植物爱好者或刚入门的分类学专业学生，由于之前接触到的（传统分类系统的）根深蒂固的观念，对于APG系统的变动感到难以理解，比如为什么大戟科被拆了，玄参科被拆了，锦葵科合并了木棉科、椴树科和梧桐科，报春花科合并了紫金牛科等。其实这些都是APG系统依据分支分类学原则所进行的合理的处理而已。下面我们就从单系、并系、多系的概念入手，来了解一下类群变动的原因。

单系的概念来自于分支分类学（cladistics，或称"支序分类学"），它利用分支图来表述分类群之间的关系，分支图一般是树状结构的，可以有不同的表现形式（如图6-1所示的三种常见形式）。

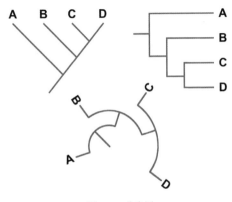

图6-1　分支树

单系

如果一个分类群包含来自一个共同祖先的所有后代，那么这个分类群就称为单系类群或单系群（monophyletic group）。每一个自然类群理论上必然是单系群。如图6-2的ABCDEFG构成一个单系群。又如图6-3的CDEFG，或CD，或EFG，也各自构成单系群。

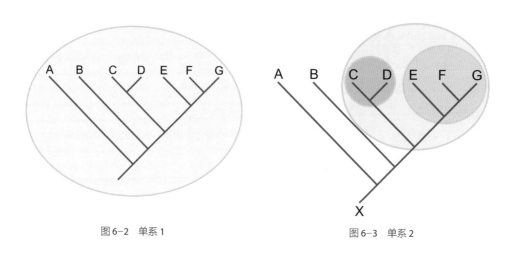

图6-2 单系1   图6-3 单系2

并系

如果一个分类群包含来自一个共同祖先的大多数后代（即并非所有后代，有少数后代未被包含进去），那么这个分类群就称为并系类群或并系群（paraphyletic group）。并系类群是由于传统认识的偏差造成的非自然类群。如图6-4的ABCEFG（不包含D）就构成一个并系群。

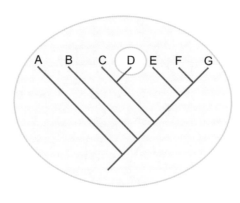

图6-4 并系1

又如图6-5的ABCDE（不包含FG）也构成一个并系群。

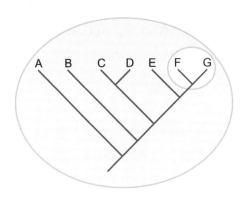

图6-5　并系2

对于并系类群，一般是进行合并处理。

举一个实际的例子：传统概念的夹竹桃科（Apocynaceae）与萝藦科（Asclepiadaceae）就存在类似的关系。传统夹竹桃科（ABCDE）是个并系，为了使之成为单系，必须合并萝藦科（FG），成为广义的夹竹桃科（ABCDEFG），如图6-6。合并后的夹竹桃科才是一个自然的单系，而传统的夹竹桃科是由于过去的错误认识而导致的并系群。

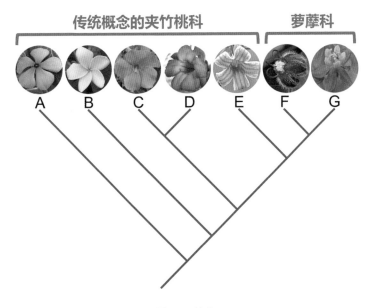

图6-6　并系3

当然了，实际情况比这个示意图要复杂得多，夹竹桃科有超过 10 个呈递进关系的分支，传统萝藦科只是夹竹桃科里形态非常特化（花粉聚集成花粉块）的成员，因此合并萝藦科是最佳的选择，APG 系统就作了这样的处理。值得一提的是，在以形态分类为主的时代，Takhtajan 系统对夹竹桃科和萝藦科早就采取了合并处理，这一点也说明了前辈学者们的先见之明。

多系

如果一个分类群包含的成员来自两个或多个分支，并且它们没有最近的共同祖先，那么这个分类群就称为多系类群或多系群（polyphyletic group）。同并系群类似，多系群也是由于传统认识的偏差造成的非自然类群。如图 6-7 的 BFG 就构成一个多系群。又如图 6-8 的 ACFG 也构成一个多系群。

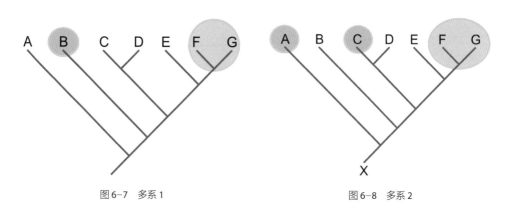

图 6-7　多系 1　　　　　　　　　　图 6-8　多系 2

对于多系类群，一般是进行拆分处理。

举一个实际的例子：传统概念的毛茛科（Ranunculaceae）就是多系群，它至少包含三个不同来源的分支，一是芍药属（*Paeonia*），二是星叶草属（*Circaeaster*）+ 独叶草属（*Kingdonia*），三是剩余类群。为了保持单系性，必须将传统毛茛科拆分，于是芍药属独立为芍药科（Paeoniaceae），星叶草属和独叶草属独立为星叶草科（Circaeasteraceae），剩余的成员组成狭义的毛茛科。（图 6-9）

星叶草科独立后，跟毛茛科的关系并不算远，仍然在毛茛目，只是它们之间隔着小檗科（Berberidaceae）、防己科（Menispermaceae）、木通科（Lardizabalaceae）。而芍药科则与毛茛科的关系比较远了，它现在位于虎耳草目（Saxifragales）。

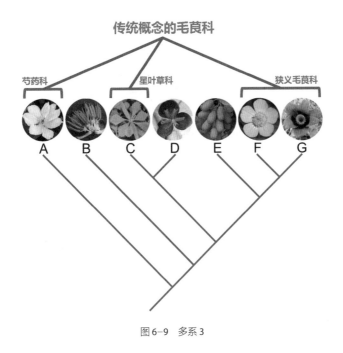

图6-9　多系3

下面我们来看一些更复杂的例子。

大戟科的拆分

传统的大戟科（Euphorbiaceae）是个多系群，我们通常以单性花、三心皮三室的中轴胎座来归纳大戟科的特征，然而这些特征并不是由一个共同祖先传下来的，在历史上归为大戟科的类群，后来至少被划分到了七个科里。图6-10是大戟科所在的金虎尾目各科的系统发育关系示意图，标橙色框的是金虎尾目中与传统大戟科有关的成员。

叶下珠科（Phyllanthaceae）和苦皮桐科（Picrodendraceae）是大戟科原来的亚科，蚌壳木科（Peraceae）、核果木科（Putranjivaceae）、小盘木科（Pandaceae）是原来的一个或几个族（或个别系统承认的科，如小盘木科在Engler系统中就承认），安神木科（Centroplacaceae）则是安神木属（*Centroplacus*）与卫矛科叛徒膝柄木属（*Bhesa*）组成的一个小科。只有原来的铁苋菜亚科、巴豆亚科、大戟亚科还在狭义大戟科里。（图6-11）不过被拆分后的大戟科并未元气大伤，仍然有6000种之多，位居被子植物第7大科。

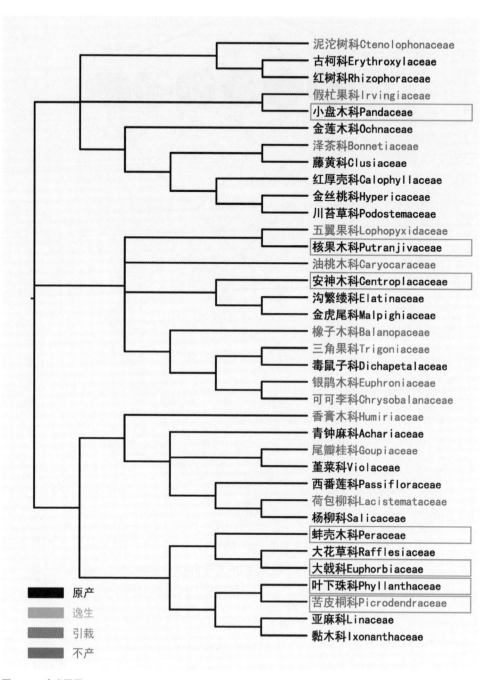

图 6-10　金虎尾目

Euphorbia

Croton

狭义大戟科 Euphorbiaceae s. str.

苦皮桐科 Picrodendraceae

Acalypha

Petalostigma from www.flickr.com

叶下珠科 Phyllanthaceae

Phyllanthus

蚌壳木科 Peraceae

Pera from biogeodb.stri.si.edu

安神木科 Centroplacaceae

小盘木科 Pandaceae

Bhesa from www.flickr.com

核果木科 Putranjivaceae

Microdesmis

Drypetes

金虎尾目 Malpighiales

大戟科分家记（刘冰制作）
Disintegration of Euphorbiaceae s. l.
【 ⬡ 表示非大戟科的类群 】

图 6-11　大戟科

报春花科的合并

传统的报春花科（Primulaceae）和紫金牛科（Myrsinaceae）是非常近缘的类群（有的分类系统也承认独立的刺萝桐科 Theophrastaceae），它们都具有特立中央胎座，雄蕊与花冠裂片对生，一般用草本和木本就可以简单区分这两个科。然而分子系统学的结果表明（图6-12），它们至少可以分为5个单系分支，因此有人曾提出将它们重新划分为5个科：杜茎山科（Maesaceae，原属紫金牛科）、水茴草科（Samolaceae，原属报春花科）、刺萝桐科、重新界定的报春花科和紫金牛科。

不过，重新界定后的这两个科，也不能简单地以草本、木本来区分，报春花科仅有报春（*Primula*）、点地梅（*Androsace*）等少数类群，其余的草本类群，如珍珠菜（*Lysimachia*）、海乳草（*Glaux*）、仙客来（*Cyclamen*）等只能转移到紫金牛科，这种情况下，也就难以归纳新的紫金牛科的特征了。因此为了使用方便，也为了减少被子植物小科的数目，APG 系统采取了合并的处理，把它们全部归并为一个广义的报春花科。（图6-13）

植物系统分类是植物系统学研究的重要内容之一。基于 DNA 序列的分子系统学，尤其是以单系原则对科和属的界定，对于植物系统分类有着深远的影响。我们相信，以此为基础的 APG 系统是植物系统学的一个新起点。值得指出的是，虽然系统发育的大框架已然确定，但是还有很多细节需要进一步确定，积累性的工作还有很多，完善 APG 系统仍然是未来一段时间内植物系统学研究的重要工作内容。本章内容的初衷是为了让博物学爱好者了解 APG 系统相对于传统系统的变化，并让人们方便地使用 APG 系统和开展相关的系统发育研究。

对 APG IV 系统感兴趣的爱好者，可以在多识植物百科（http://duocet.ibiodiversity.net）上面随时关注动态。

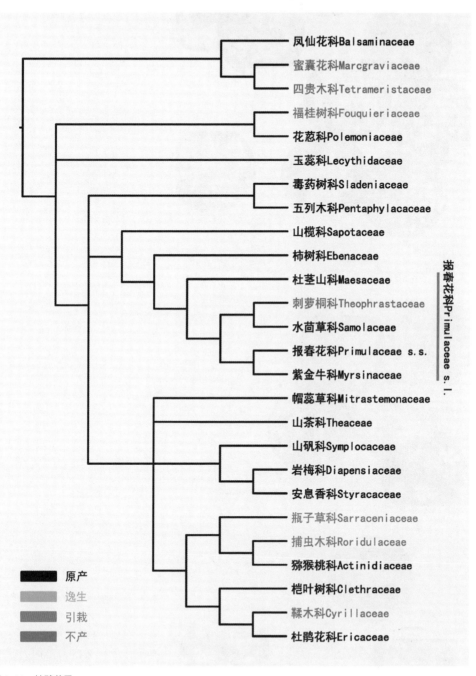

图6-12 杜鹃花目

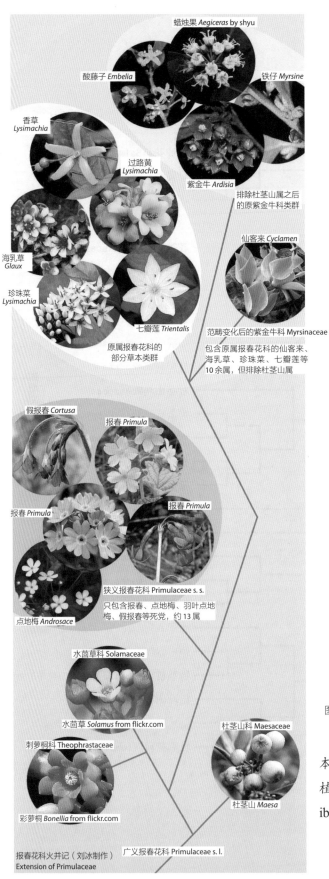

蜡烛果 *Aegiceras* by shyu

酸藤子 *Embelia*

铁仔 *Myrsine*

香草 *Lysimachia*

过路黄 *Lysimachia*

紫金牛 *Ardisia*

排除杜茎山属之后
的原紫金牛科类群

仙客来 *Cyclamen*

海乳草 *Glaux*

珍珠菜 *Lysimachia*

七瓣莲 *Trientalis*

原属报春花科的
部分草本类群

范畴变化后的紫金牛科 Myrsinaceae

包含原属报春花科的仙客来、
海乳草、珍珠菜、七瓣莲等
10 余属，但排除杜茎山属

假报春 *Cortusa*

报春 *Primula*

报春 *Primula*

报春 *Primula*

狭义报春花科 Primulaceae s. s.

只包含报春、点地梅、羽叶点地
梅、假报春等死党，约13属

点地梅 *Androsace*

水茴草科 Solamaceae

图6-13　报春花科

水茴草 *Solamus* from flickr.com

杜茎山科 Maesaceae

刺萝桐科 Theophrastaceae

本章作者：刘冰，中国科学院
植物研究所（E-mail：liubing@
ibcas.ac.cn）

杜茎山 *Maesa*

彩萝桐 *Bonellia* from flickr.com

报春花科火并记（刘冰制作）

广义报春花科 Primulaceae s. l.

Extension of Primulaceae

第七章　植物分类学在线资源（包括数据库）的使用

在信息化越来越发达的今天，网络资源大大加快了科学的进展，也促进了时代的发展。早期人们收集记录数据效率很低，研究多集中于本国、本省或更小区域，而现在，我们通过利用网络资源，大大提高了工作效率，科学家和业余爱好者能够更方便地获取信息，因此植物学研究区域更加全球化，研究的类群也从本国或本省的研究扩展到该类群的全球自然分布区域。分类学家由本土化变得国际化，各国之间的合作逐渐加强，人类正以更快的速度来认知我们所在的地球上的植物及其错综复杂的亲缘关系和进化历程。

一本外国的植物分类学的书籍中有这样一幅插图（图7–1）（Stuessy，2009），图中显示了植物分类学家在研究植物分类学（Plant Taxonomy）时工作的六大场所及六大要素。

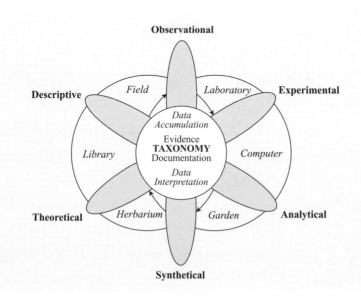

图7-1　植物分类学家的工作方式图示

植物分类学家工作的六大场所：

Field：野外（采集、观察植物样本）

Laboratory：实验室（观察、解剖、实验）

Computer：计算机（分析处理多学科实验数据）

Garden：植物园（迁地栽培、杂交、传粉等实验）

Herbarium：标本馆（观察前人所采集标本的形态性状变异和地理分布式样）

Library：图书馆（查阅物种原始文献和相关修订研究的文献记录）

植物分类学家工作的六大要素：

Observational：观察（观察植物的宏观和微观形态性状）

Experimental：实验（通过实验方法来进行结构解剖、栽培杂交实验、遗传分析、分子测序等）

Analytical：分析（分析对比形态观察和实验数据）

Synthetical：综合（综合观察、实验和分析的数据进行系统的分析整理）

Theoretical：理论（应用植物分类学相关理论对数据进行解释）

Descriptive：描述（描述多学科证据分析下的物种研究结果）

作为一名植物学家，需要去很多野外场合考察，去辨认很多植物，采集很多植物标本。而早期学者的资料多以手写笔记或植物标本的形式传给后人，笔记和标本上的标签的字迹可能很难辨认，因此会导致交流的不畅和传承的珍贵资料难以解读的问题。而且，如果一个人想要获取世界广泛分布的一个植物物种的相关资料，需要去世界不同的植物标本馆查阅标本。一些发展中国家的植物往往最早由一些西方国家的植物学家采集，例如中国有许多植物标本保存在美国哈佛大学阿诺德树木园植物标本馆（A）和英国邱园皇家植物园标本馆（K）；越南的很多植物标本保存于法国自然博物馆（P）；泰国的很多植物标本保存于丹麦哥本哈根大学植物标本馆（C）；等等。在大数据时代，学会利用网络上的在线资源和数据库，将会收到事半功倍的效果。

人类对生物的总体认知是有限的，即使对于同一物种的生态型变化的认知也是有限的。第一是因为有些植物在不同生境的形态性状变异太大了；第二是一个人用尽毕生之力也很难彻底地、完整地考察植物的所有自然分布区域且认识到性状变异的幅度，以对植物有更客观的认知。许多动物和植物进化分支相近的近缘物种，相似程度很高。图7-2（Sokal，1996：106，107）和图7-3（Duncan，

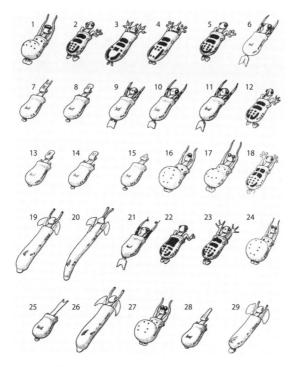

图 7-2　相似的软体动物

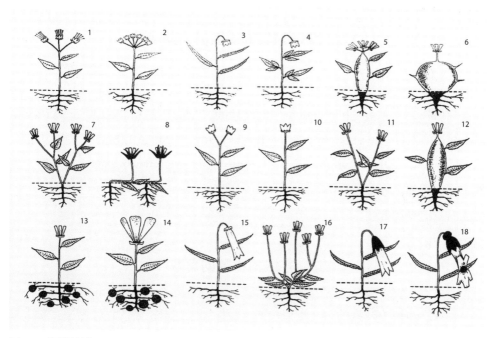

图 7-3　相似的植物

et al.，1980：266）这两幅图，为我们呈现了非常相似的软体动物和植物。如果要请大家从中选取最相似的两个个体，那么，问题是：你如何选出形态最相近的两个个体？它们是两个物种，还是同一个物种的不同生态型？如果你让一百个人回答，一定有人会说它们是同种的不同生态型，有人会说它们是不同种。假如你挑两个非常相似的物种去看，你会发现它们总会有一两点差异，这种差异到底是种的区别，还是只是生态型的形态性状变异，就需要更多地在野外认知变异幅度，更多地去了解相关的分类学背景知识。博物学家可以更多地了解当地植物，可以更多地了解当地植物的变异，寻找更多的机会去鉴定和学习，同时也需要使用在线资源来完善自己，用更多的植物学知识武装自己。博物学家相对于普通人来说会有更多的植物学知识，会更了解植物变异的幅度，同时会有更多机会去接触自然。

联合国全球生物多样性保护大会认为在十年计划中有三个目标：一是了解地球上各个国家所有已知植物；二是评价所有已知植物物种的保护状态，尽可能地指导、开展保护计划；三是为实施相关战略发展，共享所必需的信息、研究和相关产出及方法。就这三个任务来说，仅靠每个国家的植物分类学家来完成是很难的，需要博物学家、需要发动公民来共同参与，每个人都可以查阅已经有的数据，并贡献新的数据，最终才能为整个数据库添砖加瓦，齐力合成大数据。

一、国外相对较好的数据库或网站

世界上目前的在线数据库有很多种，很多都做得非常好，有参考价值。例如在国际植物名称索引（International Plant Name Index，简称IPNI）（https://www.ipni.org）、生物多样性遗产图书馆（Biodiversity Heritage Library，简称BHL）（https://www.biodiversitylibrary.org）、Tropicos（https://www.tropicos.org）等相关网站可以查询世界上植物的名称、分布、原始文献等，大家可以关注和尝试一下这些网站的查询方法。

二、在线植物数据类型

目前在线植物数据的主要类型包括在线标本、观察记录、在线名录、在线照片、在线编目、在线样方、在线功能等。这些数据集合在一起，会对决策者、学者、业余爱好者等都有很好的帮助作用，成为重要的基础资料。

三、在线植物标本数据查询

全世界有很多植物标本馆，根据美国纽约植物园网站的 Index Herbariorum（标本馆索引）排名，世界馆藏量前十名的植物标本馆及其代码（这个代码是由美国纽约植物园设立的，世界上每个植物标本馆都有代码）如下：

法国自然博物馆 Muséum National d'Histoire Naturelle（P）

美国纽约植物园 New York Botanical Garden（NY）

俄罗斯科马诺夫植物园 Komarov Botanical Institute（LE）

英国邱园皇家植物园 Royal Botanic Gardens（K）

美国密苏里植物园 Missouri Botanical Garden（MO）

瑞士日内瓦植物园 Conservatoire et Jardin botaniques de la Ville de Genève（G）

荷兰国家生物多样性中心 Naturalis Biodiversity Center（L）

英国自然博物馆 The Natural History Museum（BM）

美国哈佛大学阿诺德树木园植物标本馆 Harvard University, Herbariam of the Arnold Arberetum（A）

奥地利维也纳自然博物馆 Museum of Natural History of Vienna（W）

亚洲最大的标本馆是中国科学院植物研究所国家植物标本馆，代码是 PE。中国第二大的标本馆是中国科学院昆明植物研究所标本馆（KUN），第三大的是中国科学院华南植物园标本馆（IBSC）。

许多标本馆都建立了虚拟植物标本馆，英文叫 Virtual Herbarium，例如中国数字植物标本馆（China Virtual Herbarium，简称 CVH）（http://www.cvh.ac.cn），也叫"国家植物标本资源库信息网"，上面有很多重要的信息，是关于植物分类学标本和文献的重要研究网站。另外澳大利亚等国家也建立了各自的虚拟植物标本馆。世界上主要的标本馆多数已经有相当数量的在线植物标本照片，有兴趣的博物学家可以查询相关的标本馆代码，然后用代码加 Virtual Herbarium 搜索就可以搜索到相关的信息。美国的密苏里植物园等还有相关的 living collections（活体种质资源）子网站，载有其植物园中栽种的每一株植物的精确的位置。下面我们举几个例子来看不同的虚拟植物标本馆的网站是如何呈现数据的。

新加坡植物园在线标本及介绍（https://herbaria.plants.ox.ac.uk/bol/sing），在这个网站上可以看到整个标本馆有约 75 万份植物标本都已经数字化，而且标本采集的主要来源地点都已经记录好，主要来自于马来区域。使用的是 BRAHMS 系统来管理标本数据。

全球生物多样性信息网络（Global Biodiversity Information Facility，简称 GBIF）（https://www.gbif.org），在这个网站上可以看到应该是目前全球最大的数据库，从这里可以自由搜索并下载到约 14 亿条记录，这是一个庞大的数字，这些记录来自 53349 个数据集发布者。这个网站目前所包含的生物物种数有 6586578 种，这也是一个庞大的数字。（以上数据截至 2020 年 6 月）至于为什么这个数字会远远大于目前地球上的物种数，是因为它只想客观表现数据，让用户自行判断，因此标本上的名称并未进行标准化，存在正确的接受名，也有异名，也有错误名。

我们看这么大的数据，在地图上呈现是这样的效果（图 7-4），可以清晰地看到世界标本分布情况是，有的地方有明显的空缺，有的地方则呈现出深红色，表明标本密度和采集强度非常大。如果用另一种方式来看（图 7-5），红色表示标本采集强度较大，黄色表示一般，蓝色表示严重不足，很明显的是发达国家有很好的标本采集基础，而发展中国家和落后国家则明显不足。我们中国也是标本采集不足地区。数据显示日本平均每个物种有 278 份标本，这个量是很大的，说明在日本每个物种的标本都可以找到各种生态型，非常丰富。

从亚洲各国标本在全球生物多样性信息网络的记录量来看（图 7-6），中国的记录总量是最大的，但是相对于我们丰富的物种来说，标本记录量还远远不够，尤其是观察记录和活体标本这一块我们是做得比较少的。我们还需要进一步向发达国家看齐，提倡公民科学，鼓励全民上手拍摄记录，这样才能更有效地完善这些数据。另外，现在手机定位如此方便，定位是很简单和容易实现的，但是在过去，经常会有很难定位的情况存在。因此，我们看到许多国家的标本记录中定位信息比较少，甚至没有。例如韩国有 72 万份植物标本记录贡献到 GBIF 网站上，但是仅有 1 万份有经纬度信息，这个比例是非常小的。后期如果要去人工核准几十年甚至上百年前的标本的信息并查找经纬度的话，是一个巨大的工程，一般来说是很难完成的。

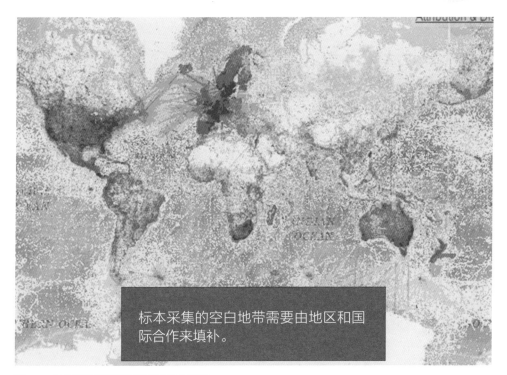

标本采集的空白地带需要由地区和国际合作来填补。

图 7-4　GBIF 数据采集情况的世界分布示意图

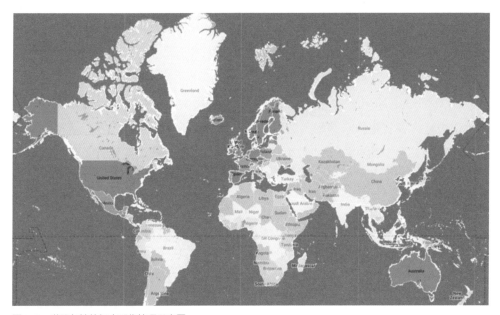

图 7-5　世界各地的标本采集情况示意图

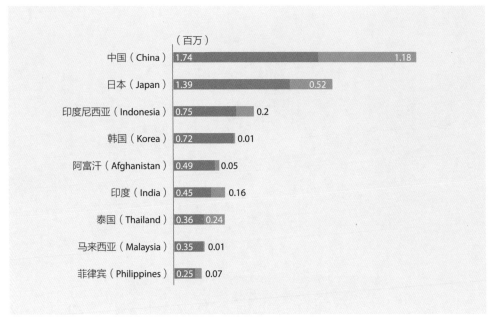

（百万）

中国（China） 1.74 ▌ 1.18
日本（Japan） 1.39 ▌ 0.52
印度尼西亚（Indonesia） 0.75 ▌ 0.2
韩国（Korea） 0.72 ▌ 0.01
阿富汗（Afghanistan） 0.49 ▌ 0.05
印度（India） 0.45 ▌ 0.16
泰国（Thailand） 0.36 ▌ 0.24
马来西亚（Malaysia） 0.35 ▌ 0.01
菲律宾（Philippines） 0.25 ▌ 0.07

图 7-6　GBIF 上的亚洲标本记录量统计，蓝色表示标本记录条目量，棕色表示有经纬度信息的条目量

目前日本和韩国都有自己的植物标本网站，已经建得比较好。而中国则是由 NSII 来推进标本数字化的建设。NSII 平台（http://www.nsii.org.cn）（图 7-7）目前收集的标本量也相当大，有超过 1500 万份标本记录，包括大量的标本照片、视频、文献资料，涉及植物、动物、岩矿化石、极地资源等多种类型。

CVH 网站是 NSII 六个子平台之一的植物子平台，其主要特点是除了《中国植物志》还有各省植物志等相关的数据，以及新老地名对照等内容，植物数据展示得相对比较全。比如在 CVH 网站搜索"银杏"的话可以搜索到大约 715 条记录，说明银杏是标本采集量非常大的一种植物。每一条记录都有三个部分，分别是植物志资料、标本信息和彩色照片。如果随机点开一个标本信息的话，你可以看到有数字化的植物标本的照片，还有这个标本的采集标签上的详细信息，包括采集人和采集号、采集地点等资料。

标本照片非常好用，让人们不需要千里迢迢地去不同的标本馆查找资料。而且质量高的标本照片往往会有很高的分辨率，可以从中获取很多信息。

图 7-7　NSII 网站

四、在线植物照片检索

彩色照片对于植物的鉴定帮助很大。特别是植物分类的初学者，往往都会通过比对彩色照片来鉴定植物。我国的植物彩色照片数据库也较多，其中中国自然标本馆（CFH）和中国植物图像库（PPBC）这两个是植物彩色照片相对集中的库馆。两个库馆都可以用输入植物名称进行检索的方式查找对应植物的彩色照片，操作相对简单。大家可以下载带水印的版本，也可以联系作者去索要原始照片。而且如果你有一些采集不到的植物，可以去查找别人近五年在哪里拍到过，这将是很重要的野外行程计划的资料。

两个数据库最大的不同是：PPBC 的照片都是经过人工检查和整理过的，每个物种的照片像素、布局、清晰度等相对质量较高；而 CFH 更像一个原始的照片库，照片数量已经超过 1000 万张，但部分照片未经过人工校对和整理。大家在使用这两个数据库时，可以配合使用。

除此之外，中国植物主题数据库、教学标本资源共享平台、中国自然保护区标本资源共享平台等均有大量的彩色照片，均可以查询。

EOL（Encyclopedia of Life）（http://www.catalogueoflife.org/portfolio/ encyclopedia-life）（图7-8）网站是集物种的各类数据于一体的综合网站。网站建设者希望能够建成世界上最全的数据网站，所以为其起名为"百科全书"。涉及各方面的内容，包括分布、形态、生境、分子、植物化学、文献、原始资料等相关的目前可收集到的所有资料。

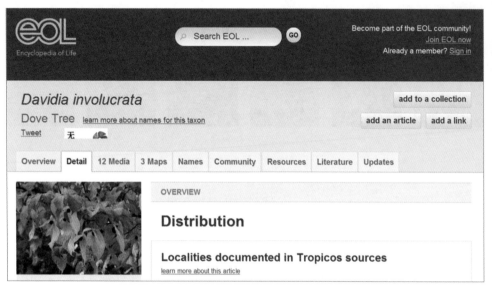

图7-8   EOL网站

五、在线植物志

关于植物查找，最重要的在线资源就是植物志。植物志有很多种范围和版本，需要选择对应的版本来查找。例如你要查询在中国某个科和属的基本内容，就要看《中国植物志》或 *Flora of China*（FOC），如果需要在某个省鉴定当地的植物，就要查询如《北京植物志》或《河北植物志》这样的资料。中国生物志库（China Species Library）（http://species.sciencereading.cn/biology//v/ biologicalIndex/122.html）收录了中国近10万种现生生物物种。数据库主要来源为《中国植物志》、*Flora of China*、《中国生物物种名录》，包括所有的植物类群（藻类植物、苔藓植物、蕨类植物和种子植物）、动物类群（昆虫、鸟、鱼、两爬动物、哺乳动物、海洋动物等）以及菌物（真菌、黏菌、卵菌）。数据库提供了生物物种的名称、分类地位、形态特征、分布、功用、理论知识等生物学信息。或者可以在 CVH 网站上综合查询地方志，查询一种植物就可以返回多个省的植物志相关资料。

　　纸质的植物志往往体量较大，非常昂贵并且都很重，不方便查询单个物种，例如《中国植物志》有 80 多卷，120 余本，且多数已经绝版。如果把这些数据数字化，则方便得多，便于大家使用和查询。《中国植物志》的在线查询网址为：http://www.iplant.cn/frps。例如输入"棱角山矾"进行检索，可查到其在《中国植物志》第 60（2）卷（1987）的 009 页，点击页面上的 PDF 字样，还可看到图书对应页码的 PDF 扫描内容，非常方便快捷。（图 7-9）

图 7-9　《中国植物志》在线查询示意

六、在线植物名录查询

植物名录包括世界级的植物名录、大洲级的植物名录、国家级的植物名录、省级植物名录或县级植物名录，甚至小至一个村镇、一个公园的植物名录。植物名录对于区域的植物认知、植物区系的分析了解都有重要的意义。目前已经有各种网站可以查询植物名录。

世界植物志（World Flora Online）（http://worldfloraonline.org）（图7-10），这个是最新的植物志在线版，可以查询所有植物的名称。关于世界植物志，邱园做了另外一个网站——世界植物在线（Plants of the World online）（http://plantsoftheworldonline.org）（图7-11），可以查阅大量的植物名称和图片。

关于各洲植物要览，中科院植物所傅德志老师制作了关于各洲植物要览的光盘，可以查阅到各洲相关植物的名称。（图7-12至图7-17）

The Plant List（TPL）网站（http://www.theplantlist.org）（图7-18）集中了正异名对应的全球植物数据，其主要特点是有名称的接受名或异名的标注，比较容易查询相关的内容（数据库更新至2015年后就不再更新）。World Checklist of Selected Plant Families（WCSP）网站（https://wcsp.science.kew.org）（图7-19）集中了世界部分科植物的世界性名录，在TPL的基础上更新了两百多个科，可以结合TPL来查询植物名称。美国密苏里植物园建立的网站Tropicos（http://www.tropicos.org）（图7-20）是世界上最大的植物数据库之一，包含120万个已发表的名称、超过36万份模式标本的信息、200多万份分布记录、近66万个异名、400多万份标本记录和超过23万份植物图像。IPNI（http://www.ipni.org）（图7-21）这个网站汇集了所有植物的名称，对于查阅相关植物的原始文献比较好用。Taxonomic Name Resolution Service（TNRS）（http://tnrs.iplantcollaborative.org）（图7-22）和Global Names Resolver（GNR）（http://resolver.globalnames.org）（图7-23）是植物拉丁名纠错网站，可以用后台帮你纠错，只要提交一系列的植物名称列表，就可以返回相当多的异名转为正名的意见，结果可以批量下载。

图 7-10　世界植物志网站

图 7-11　邱园建设的世界植物志网站

图7-12　亚洲各国植物要览

图7-13　澳洲（大洋洲）各国植物要览

图7-14　欧洲各国植物要览

图7-15　北美洲各国植物要览

图7-16　南美洲各国植物要览

图7-17　非洲各国植物要览

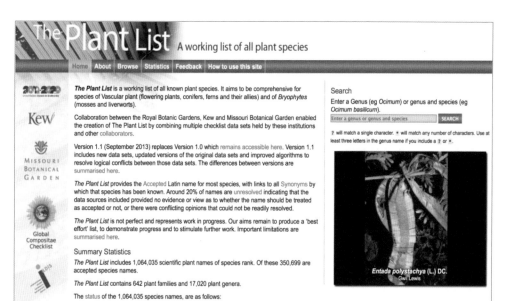

图7-18　TPL网站

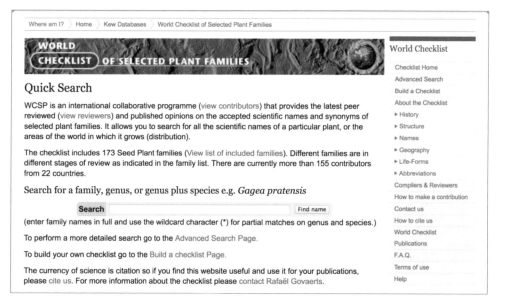

图7-19　WCSP网站

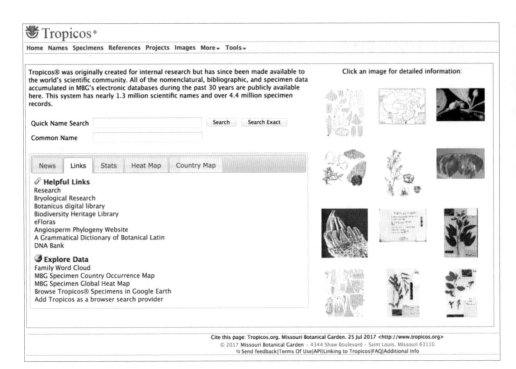

图7-20　Tropicos 网站

图7-21　IPNI 网站

图7-22　TNRS网站

图7-23　GNR网站

Catalogue of Life（COL）（http://www.catalogueoflife.org）是全球生物物种名录网站。全球生物物种名录中包括有170万个物种，相关数据可以在网站上进行申请下载。COL网站上可以查到物种的等级、分布等相关信息，还有审核专家的名字。

物种2000（http://www.sp2000.org.cn）（图7-24）是另外一个做物种名录的项目。物种2000中国节点，每年都会根据最新研究成果，不断更新中国生物的名录数据，用户可以直接申请到数据库，十分方便。

7-24 物种2000中国节点网站

《中国生物物种名录》分为植物卷系列和动物卷系列，可以在网络上查询，内容与FOC相比有一些国内专家自己的意见。

地方植物志在CVH网站中都可检索到，可以在一个物种搜索时呈现多个志书的信息。特殊物种名录比如国家重点保护物种、濒危物种等均有公开的名录可供查询下载（http://www.iplant.cn/rep/protlist）。

近两年NSII在推进省级数字植物标本馆（PVH）和中国校园植物网建设，在这两个网站上都可以直接下载对应省份和高校的植物名录EXCEL版本，也是很难得的资料。（图7-25）

这么多网站资源到底应该用哪个呢？其实是要根据需要来判断，不同的来源可以提供不同的内容。

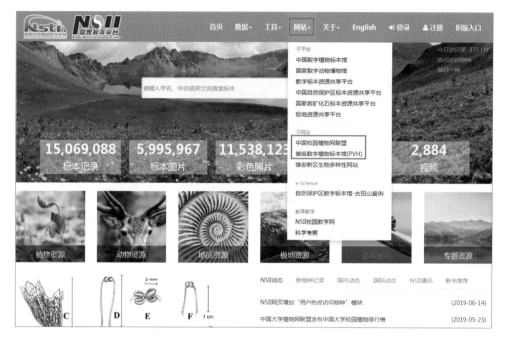

7-25　中国校园植物网和 PVH 网站入口

七、在线特色植物资源

在信息化飞速发展的今天，各种各样的特色资源库如雨后春笋般出现。下面主要通过网站首页截图为大家展示国内外比较著名的一些特色植物资源库。

MOL（Map of Life）网站（http://mol.org）（图 7-26）是有一些物种分布、指数等做得较好。BIEN（Botanical Information and Ecology Network）网站（http://bien.nceas.ucsb.edu/bien/）（图 7-27）主要是一些生态学的样方、功能性状等的内容。iDiGBio 网站（http://www.idigbio.org）（图 7-28）主要是有一些标本记录，可以作为 GBIF 的补充。RAINBIO 网站（http://rainbio.cesab.org）（图 7-29）是了解热带非洲维管植物的窗口。Global Tree Search（全球树木数据库）网站（http://tools.bgci.org/global_tree_search.php）（图 7-30）收集了全世界的木本植物的信息，非常全，共计有 6 万多种。亚洲生物多样性保护与信息网络（Asia Biodiversity Conservation Database and Network，简称 ABCDNet）（http://www.abcdn.org）（图 7-31）尝试整合亚洲不同国家的植物相关数据、标本数据等内容，争取可一站式查询相关的资料，简化流程。将来各种数据库的建设应

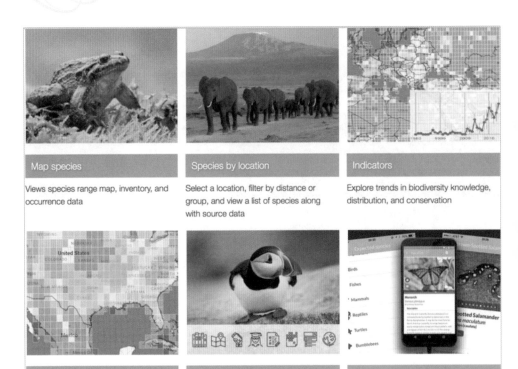

图 7-26　MOL 网站

图 7-27　BIEN 网站

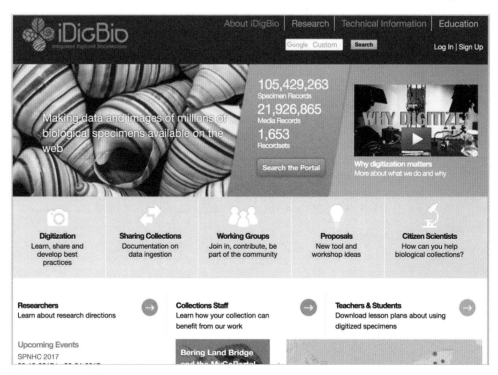

图 7-28　iDiGBio 网站

图 7-29　RAINBIO 网站

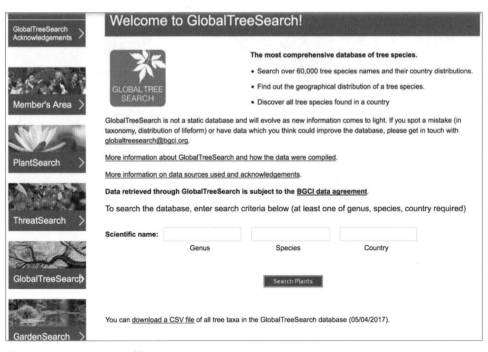

图 7-30 Global Tree Search 网站

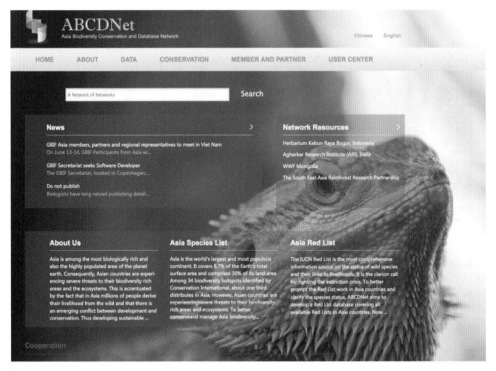

图 7-31 ABCDNet 网站

该都会朝着更大的数据集迈进，以求让用户有更好的上网体验。

网络上的资源非常丰富，对于博物爱好者来说，可以充分利用网络资源，提高自己的植物学素养，在博物的路上越走越远。

注：本章中涉及的网址截至 2020 年 6 月均可正常访问。后续亦可能因为后台原因导致网址无法正常访问。

参考文献

Beech, E. *et al.* (2017). "Global tree search: the first complete global database of tree species and country distributions". *Journal of Sustainable Forestry*, 36(5): 1–36.

Croft, J. *et al.* (1999). "Plant names for the 21st century: the international plant names index, a distribution data source of general accessibility". *Taxon*, 48(2): 317–324.

Duncan, T. *et al.* (1980). "A Comparison of branching diagrams derived by various phenetic and cladistic methods". *Syst. Bot.*, 5: 264–293.

Gwinn, N. E. &Rinaldo, C. (2009). "The biodiversity heritage library: sharing biodiversity literature with the world". *IFLA Journal*, 35(1): 25–34.

James, S. A. *et al.* (2018). "Herbarium data: global biodiversity and societal botanical needs for novel research". *Applications in Plant Sciences*, 6(6325), e01024.

Kalwij, J. M. (2012). "Review of 'the plant list, a working list of all plant species'". *Journal of Vegetation Science*, 23(5): 998–1002.

Missouri Botanical Garden.(2008). Tropicos database.

Qian, H., &Jin, Y. (2015). "An updated megaphylogeny of plants, a tool for generating plant phylogenies and an analysis of phylogenetic community structure". *Journal of Plant Ecology*, 9(2): 233–239.

Smith, G. F. *et al.* (2017). "The world flora online, target 1 of the global strategy for plant conservation, and the species plantarum programme: flora of the world: compatible concepts or mutually exclusive mandates?". *Annals of the Missouri Botanical Garden*, 102(3): 551–557.

Sokal, R. R. (1966). "Numerical taxonomy". *Sci. Amer.*, 215(6):106–116, 155–156.

Stuessy,T. F. (2009). *Plant Taxonomy: The Systematic Evaluation of Comparative Data.* 2nd edition. New York: Columbia University Press.

蒋志刚、马克平（2014）. 保护生物学原理 . 北京：科学出版社 .

骆洋，等（2012）. 中国植物志、Flora of China 和维管植物新系统中科的比较 . 植物分类与资源学报，34（3）: 23–238.

马克平（2013）. 亚洲生物多样性保护与信息网络：ABCDNet. 生物多样性，21（5）: 515–516.

王红，等（2013）. 新一代植物志：创新与发展 . 植物分类与资源学报，35（6）: 672–674.

本章作者：刘博，中国科学院植物研究所博士后（E-mail：boliu@muc.edu.cn）

第八章 "花伴侣"——人工智能时代知识服务的新媒介

"花伴侣"是一款植物智能识别App，使用时只需对着要识别的植物拍张照片，即可快速获得这个物种的相关信息，因而是公众认识植物、了解植物非常好的一个入口，也算是知识服务的一种新形式。

一、背景——《中国植物志》

太阳系有8大行星，浩瀚宇宙大约有1万亿亿颗星球，而我们生存的地球是目前已知唯一有生命的星球。我们这个地球上有多少生命、有多少物种呢？在2011年，全世界已知的物种大概是130万种，美国和加拿大生物学家评估，预计地球物种数量大约是870万种。但是，2016年科学家发现有大量的微生物在土壤里面未被发现，他们估计地球上存在的物种可能有1万亿种，也就是说，地球上的物种还有99.999%没有被发现，已发现的物种如同24K纯金里那0.001%的杂质一样，微乎其微。

中国地域辽阔，山川纵横，地跨热带、亚热带至寒温带，植物种类异常丰富。我们国家有多少种植物？叫什么名字？分布在哪里？长什么样？在我国现代植物学起步的时候，大家就想解决这样一些问题。几代植物学家经过80年积累、45年研编，直到2004年得以最终完成并出版了《中国植物志》（图8-1）。这套书有126册，5000多万字，记载中国有31142种植物。这套书回答了我们中国有哪些植物物种，这些植物物种长什么样，在哪里有，基本上摸清了我们国家植物资源的家底，也为开发和利用植物提供了信息。《中国植物志》的编研在2009年获得了国家自然科学奖一等奖，这一奖项评选严格，在历史上多次空缺，代表了我国自然科学领域的最高成就。这套书具有极强的专业性，主要面向专家或有一定学科基础的人。对于普通公众来说，使用起来就相对困难。一方面，鉴定物种需要用二歧检索表，逐级对照查找，先查到科，再查到属，最后查到种，如果中间哪一个特征漏掉了，或者识别不准确，就无法继续向下查找；另一方面，书中对这些物种的描述，语言非常精炼，读起来有点儿像八股文，虽然部分物种配有线条图作为对描述的补充，但没有彩色图片，相对来说欠缺直观的展示，对于普通公众来说用户界面不太友好。

图 8-1 《中国植物志》

图 8-2 "志在掌握" App

我们团队在 2006 年的时候就开始对《中国植物志》这套书进行数字化，将其做成网络版。这个网站 2017 年的访问量达到了 1400 万 PV（页面浏览量），对于科学类的数据库来说，访问量算非常大了。2013 年我们与科学出版社一道，发布了一款手机版的应用——"志在掌握" App（图 8-2），实现了纸质媒介的电子化。

二、基础——中国植物图像库

随着社会进步，彩色照片尤其是数码照片日益普及。2008 年，中国科学院植物研究所国家植物标本馆将植物图片影像纳入标本馆的馆藏职能，建立了中国植物图像库，以系统收集整理植物影像资料，为植物识别和图书出版提供图像支撑。当时收集照片主要是为编研下一代的植物志——普通公众也能方便使用的彩图版的植物志。

中国植物图像库一方面收集专家以前拍摄的植物底片、幻灯片建立胶片库，并数字化，另一方面，建立网站平台（http://www.plantphoto.cn）（图 8-3）系统收集整理数码照片。网站上按照分类类群科、属、种分级来进行呈现，然后把大家的图片拿来进行汇集。每个人都可以往上面共建图片，标明这张图片是从哪里

图 8-3 中国植物图像库

拍的，植物叫什么名字。由大家一起来共建，实际上就是我们这个网站的 2.0 时代。如果这个名字有错呢，也可以重新鉴定。过去十年，到今年（2018 年）刚好十年的时间，我们收集了 400 万张照片，涵盖了 28000 个物种，基本上就涵盖了我们国家野生植物的 2/3 以上的种类，就是说能够见得到、能够鉴定出来的物种，我们基本上都收集到了照片。

三、现状——"花伴侣"大众版

春暖花开，大家都会逛植物园、逛公园、爬山，尤其是家长带着孩子时，孩子总会问：这是什么花儿？我在植物园里经常遇见，看到地上种的郁金香，有人说这是百合，看到树上的白玉兰，也有人说是百合，因为都是白色花，他们就随口胡乱说一个，孩子一旦记住了，就会先入为主，很难纠正。

目前来看，物种鉴定有三种手段。第一种是基于标本实物的形态鉴定，属于传统的物种鉴定手段，从现代分类学鼻祖林奈开始，大概有三百年的历史。但实际上，鉴定物种需要专门训练才可能完成，有一个较长的学习过程，要对各类植物和志书很熟悉，成为类群或地区性的专家，成本非常高。随着分子生物学的发展，在 2000 年前后兴起 DNA 的分子鉴定，就像人们做亲子鉴定一样，通过 DNA 去鉴定物种，这算第二种鉴定手段，已有十几年的历史。这种手段需要专业实验条件和设备支撑，费时较长。在 2013 年，我们利用中国植物图像库收集的植物分类图片，跟百度深度学习实验室合作，选取了有花的照片 125884 幅，1329 个分类，在深度学习这个框架下面初步实现了物种人工智能识别。从此，开启了一种新的物种鉴定手段——图像智能识别。

现在正值人工智能的第三次浪潮，AlphaGo 通过学习人类的棋谱，战胜了围棋冠军，把人工智能带入了 3.0 时代。通过自我强化学习，升级版的 AlphaGo Zero，不需要学习人类的棋谱，只需要自我对弈，就能在很短的时间之内超过 AlphaGo。随后升级的 Alpha Zero 还具有泛化迁移能力，在国际象棋、日本象棋等领域都超越了前辈。人工智能的发展前景非常值得期待。

2016 年，我们与鲁朗软件合作，实现了 5000 种常见植物的智能识别，发布了"花伴侣"手机智能识别应用（图 8-4）。只需要对准要识别的植物，拍摄花、果、叶都可以，在一秒之内，"花伴侣"就会告诉你这个物种是哪个科、哪个属、哪个种。这款产品是完全以机器视觉为基础开发的快速识别物种、快速链接知识的一个应用。认识植物从来没有如此简单。同时该应用也是一个非常好的人工智能的检索入口，直接将识别结果关联到我们的植物志。识别完了以后，用户还可以发到朋友圈分享，让更多的朋友来体验这样一个应用。除了 App，我们还开发了微信公众号和微信小程序，大家可以通过微信发一张照片，识别后自动回复鉴定结果。

图 8-4 "花伴侣"App

发布这个产品后的第一个春天，逛植物园的人如获至宝，一到周末，"花伴侣"下载量就是一个高峰，一到节假日就有一个非常高的下载量。在没有做任何推广的情况下，仅靠用户分享自然增长，下载量就超过了 500 万。"花伴侣"不但能够识别中国的常见植物，因为中国有很多的栽培植物是全世界广布的，所以国外的常见植物也能识别，国外也有非常多的用户在用我们的这个产品。

在新的版本里面，我们除了提供智能识别、物种百科知识服务，还做附近的景区物种、大数据这样的一些东西，我们通过这些数据可以了解到哪些物种更容易受公众关注、哪些区域更容易受公众关注。通过用户的参与，我们还能够收集到物种的花期、分布，这样一些数据是在全国甚至全球层面的，能够非常好地服务于我们科学研究。

四、未来——"植物智"（"花伴侣"专业版）

我们未来还会深入地去做这样一个产品，同时也会支持其他人去开发公众使用的类似产品。我们跟百度合作的"鉴你所见"，联合中国植物园联盟一起来推动的这样一个项目，已经在很多植物园进行了推广。

作为国家植物科学研究机构，我们希望做一些商业公司不愿意做的只赔不赚的专业领域的识别服务，如开发"花伴侣"专业版，服务科技工作者。除了"花伴侣"之外，我们也开发了"草伴侣"，专门针对草地植物进行识别。还会大力地把这个技术用在其他的物证鉴定上面来，比如说腊叶标本、孢粉的智能识别鉴定。

图8-5 "标本馆伴侣"App——腊叶标本智能识别

腊叶标本是编撰植物志的基础，我们从1949年到编撰植物志完成一共采集了1700万份植物标本，能鉴定这些标本的人已经很少了，我们希望通过人工智能的方式来做。我们开发了一款"标本馆伴侣"App（图8-5），是分类学家去研究标本的时候，能够用得上的一款产品。这个产品具有三大功能：一是标本的检索；二是标本采集的记录；三是智能识别。目前已经实现了1万个物种的腊叶标本智能识别。未来我们希望能够采集更高清的图片，尝试用更高分辨率的照相机来进行数字化，比如用4亿像素的照相机来拍摄标本，希望它能够达到用放大镜、用解剖镜看的效果。未来腊叶标本的识别准确度有望超过85%。

孢粉是孢子和花粉的简称，孢子植物的孢子和种子植物的花粉，都是生殖细胞，不同的植物产生不同的孢子和花粉。花粉过敏的人，遇到致敏花粉会打喷嚏。人走过一个地方，会踩到泥土，不同地方的泥土里面的花粉含量和成分是不相同的。因此孢粉分析在刑事侦查上是个非常重要的侦查手段。孢粉分析在农业、地质、医药、物证鉴定等方面都有广泛的应用。现在我们的孢粉鉴定完全是靠专家的经验，一般木本植物能到属，草本植物往往只能到科，离准确到种还非常远。我们利用"花伴侣"识别技术，就荒漠区的几十种植物花粉识别做了一些实验，识别效果非常好。我们正着手建立"中国孢粉库"，并计划开发一款"花粉伴侣"，利用3～5年的时间，采集1万种植物花粉，拍摄1000万张显微照片，实现花粉的自动识别鉴定。对于花粉过敏者，将可以准确知道导致自身过敏的物种。

我们有个终极目标——识别全世界物种。首先收集全世界的物种照片，然后作全世界物种模型的训练。我们相信通过这样的识别训练，在不久的将来，会有这样一个应用场景：无论你去游览什么地方，只要把你的手机举起来，就能自动给你推送你想知道的内容。同时，也更好地服务于物证鉴定、生物多样性保护、国门生物安全。

本章作者：李敏，中国科学院植物研究所高级工程师（E-mail：iplant@ibcas.ac.cn）

第九章 标本制作、装订与保藏

一、标本的概念和意义

1. 标本的概念

广义上来说，将野外采集的全部或部分的植物体通过一定方法处理后，所获得的能够长期保存的植物材料样本，都可以称作植物标本。

从这个意义上来讲，植物标本按制作方法主要可分为三类：

（1）通过干燥制作的植物标本。

主要包括采集整株或部分植物体、压制干燥制作的腊叶标本、木材标本以及干燥制作、仅作形态展示、无须低温保藏的种子样品标本等。

（2）通过浸制于化学药品配置的溶液制作的植物标本。

主要包括各类浸制标本，主要用于保藏难以快速干燥或无法完全干燥的大型肉质根茎、果实。此外，使用不同的浸液配方，浸制标本还可以用于制作各类保色标本，以保留植物原有色彩。浸制标本能够更好地保留原植物体的形态、颜色，因此在教学、展览展示等方面更受欢迎。

（3）收藏于种质库或植物园的活体标本。

主要包括保存于低温种质库的具有活性的种子、繁殖芽以及种植于植物园的异地保存的活体植物。

在狭义上，植物标本通常是指经过压制干燥制作的腊叶标本（或称为干制标本或压制标本），各大标本馆主要收藏的也是腊叶标本。英文中的标本馆（herbarium）一词，拉丁文原意是指有关药用植物的书，17世纪末法国植物学家图尔内福特（Joseph Pitton de Tournefort）开始将这个词用于表述干燥的植物采集品，也就是腊叶标本。

2. 腊叶标本的意义

腊叶标本的意义主要包含四个方面：

（1）学术意义：腊叶标本及其采集记录是重要的凭证信息，也是植物分类学、植物生物地理学、植物区系学及相关学科研究工作最基础的资料。腊叶标本制作技术至少在15世纪末至16世纪初就已经出现，意大利博洛尼亚大学的植物学教授卢卡·吉尼（Luca Ghini）通常被认为是第一个将植物压制干燥并装订在纸上作为永久记录的人。腊叶标本使得植物学家的研究工作不再受时间和空间的限制，极大地推动了植物学，尤其是植物分类学的发展。利用腊叶标本及其采集记录，植物学家不仅可以进行植物分类学及系统学的研究工作，为植物物种命名和编目，也可以通过采集记录信息研究植物的地理分布随时间和空间变化的变化情况，以用于跟踪气候及景观的变化。

（2）教学意义：腊叶标本是植物形态、结构的直观展示，可为植物学教学、科学传播提供展示素材。

（3）美学意义：制作精美的植物标本具有美感，可使人感受美好。同时，采集和制作植物标本的过程具有博物学的传承和情怀，可使人获得精神上的满足。

（4）战略意义：腊叶标本本身及其采集记录是植物资源的样本凭证，包含了大量生物资源信息，是保藏国家战略生物资源的重要方式。

3. 具有科学意义的腊叶标本

广义上说，只要是通过压制干燥的植物标本都可以称为腊叶标本，因此，平时我们压制的一朵花、一片叶子或是一段枝条都可以称作标本。但是从科学意义上来说，一份腊叶标本应具备三个要素（图9-1）：

（1）完整的标本主体：采集的植物包含根、茎、叶、花、果实等植物器官及其他包含鉴定特征的部分。

（2）完备的采集信息：包含采集人、采集号、采集地、生境等制成标本后无法在标本主体上体现的信息。

（3）科学的鉴定信息：包含经过科学鉴定的物种学名，并应记录鉴定人和鉴定时间等信息，便于后期科学研究使用。

图 9-1　具有科学意义的腊叶标本——杜仲（*Eucommia ulmoides* Oliv.）

二、腊叶标本采集与制作

1. 工具

（1）采集工具：主要包括枝剪、铲子、十字镐等，根据采集对象的需要还可携带高枝剪、手锯等。

（2）收集工具：包括用于野外暂时存放植物标本的各种采集袋（推荐使用自封袋）、收集植物碎片用的小纸袋等。

（3）记录工具：主要包括采集记录本、采集标签、笔（野外通常是用铅笔进行记录）及橡皮等。

（4）压制工具：主要包括标本夹（图9-2）、吸水纸或吸水布（大批量采集时通常用报纸代替）、硫酸纸（用于包裹容易粘连的果实等部位）、瓦楞纸（图9-3）、铝箔版（用于一些含水量较大、难以快速干燥的肉质果实、肉质或多汁的植物等）和捆扎带等。

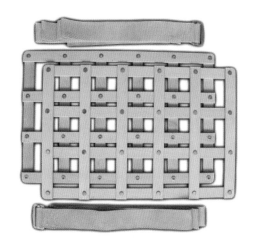

图9-2 标本夹

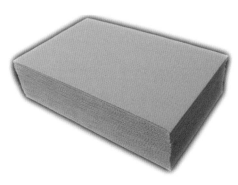

图9-3 瓦楞纸

（5）干燥工具：主要包括用于快速干燥标本的暖风机和用于包裹标本夹、提高烘干效率的塑料布或烘干袋等。

2. 采集

（1）采集标本的基本要求。

①采集编号原则：标本采集应对标本进行编号，以同一采集人（队）号段不

重复为原则。每份标本应在采集号签和野外记录本上填写一致的采集号，并将号签拴在标本上。同一采集人（队）在同一时间同一地点采自同一植株（木本或大型藤本）或同一居群（草本）的标本应编为同一个采集号，称为同号标本。同号标本通常采集2～4份作为复份标本。

②采集完整的标本：繁殖器官是植物物种鉴定的重要特征，采集标本时必须选取有花或有果且根、茎、叶完整的植株，蕨类植物应采集具孢子囊的植株，对于裸子植物则应采集包含大、小孢子叶球的植株。

③采集合适大小的标本：每份标本长度以不超过40厘米为宜。株高在40厘米以下的草本植物应挖取带根的全株；矮小的草本则采集数株，以保证标本布满整张台纸；40厘米以上或更高者需要折叠全株或选取代表性的上、中、下三段作一份标本。木本植物选25～35厘米带花或果的枝条，剪枝时应注意保留尽可能多的分枝方式，尤其应注意保留茎尖。

④注意包含植物物种的不同形态及生态状况：采集标本时尤其应注意对同一植株或居群变异范围的采集，如对于异型叶，采集时应包含尽量多的不同叶型的叶片；对于雌雄同株的植物，采集时应尽量包含不同性别的花；对于雌雄异株的植物，应对雄株和雌株分别采集和编号。

（2）采集技巧。

①木本植物的采集。

选择长约35厘米左右的二年生、有花或/和有果，且生长正常的枝条进行采集，并作适当的修剪，使之便于干燥并能装贴固定在一张台纸上。

木本植物一般不需要挖掘根部和剥取树皮，但对于形态比较特殊（如桦木属）或有特殊经济价值的类群（如杜仲、黄檗、肉桂），可收集一些附于标本上。有特定采集任务时对于某些用材树种，可收集一些木材样本附于标本上。

采集木本植物时，应当用枝剪或高枝剪剪取，切勿用手折断，影响标本的美观，对纤维长而强韧的树木等，尤应注意。

对于落叶木本植物，除上述要求外，还应注意采集冬芽和叶花齐全（先花后叶或先叶后花）的材料。一份完整的落叶木本植物标本应包括冬芽时期、花期和果期三个不同时期的枝条。雌雄异株的植物除花外，其他器官亦有区别，必须采集雌、雄不同株上的花果和各时期的叶、冬芽等，这样的标本具有更丰富的信息，对全面研究物种的形态和分类更为有用。

②草本植物的采集。

对矮小草本，要整株植物连根采集；对匍匐草本、藤本，注意主根和不定根，匍匐枝过长时，也可分段采集；具地下茎的草本，要尽可能挖取地下茎部分。

高达1米以上的高大草本，如条件允许，采集时最好也连根挖出。干燥时可将植物体折成"V"字形、"N"字形或"W"字形，使其适合台纸大小。也可将植物切成分别带有花果、叶和根的三段压制，然后三者合订为一份标本装订。

图9-4　野外标本采集，通常需要先将标本置于采集袋内

③特殊类型植物的采集。

采集大型叶植物时，因其叶子和花序均很大，可仅采一部分或作分段采集，以同株上幼小叶加上花果组成一份标本（同时标明叶片的实际大小）；或把叶、叶柄各自分段取其一部分，再配以花、果枝组成一份标本。当花序较大时，可把其他的小花序剪掉，仅留下一个小花序（同时标明花序的实际大小），并注意保留苞片和小苞片。（图9-6）

采集一些花易凋萎和脱落、压制时又会粘在衬纸上而易损坏的植物时，可先将花器官单独贴在小片吸水纸上，在尚未全干之前不要将其打开；或使用硫酸纸包裹，使其避免与吸水纸粘连。对于一些小型肉质果实，也可采用这种方式进行采集。

图9-5　野外标本采集，有时还需要具备攀岩技巧

图 9-6　大型叶植物腊叶标本——台湾苏铁（*Cycas taiwaniana* Carruth.）

采集寄生植物或缠绕植物时，如菟丝子、桑寄生、列当等，应连同寄主或缠绕对象一起采集，并保留原植物体的自然形态，顺势盘弯，不作刻意拉直或弯折。

④水生植物的采集。

采集沉水植物时，应事先了解其生长习性，采集具花果的标本。沉水植物除花序外的部分都浸没在水中，这些植物多柔软而脆弱，可用竹竿挑取全株。植物离开水面，枝叶即彼此粘贴折叠，失去原来的形态，并且难于干燥，易生霉。因此，要把取出水的植物立即用塑胶袋或纱布、毛巾等包好，带回后立即将其放在水盆或水桶中，等到植物的枝叶展开成原来的形态时，将硬质纸板或塑料板置于浮水的标本下，轻轻托出，再放置于干燥的吸水纸内进行压制。

采集挺水植物时，应注意采集植株的不同部分。挺水植物的根部固着生长在水底泥土中，整个植物体分别处于土壤、水和空气三种不同的环境之中，采集时应将各部分分别采全。

⑤宿根、肉质或多汁植物的采集。

采集肉质或多汁植物时，应将其纵切或横切，有时需将其内部的组织挖出。在野外干燥时，可在切开的茎表面洒上大量食盐使组织内的水分析出，用盐包裹的材料应置于夹有多层吸水纸的标本夹中，24 小时后要把浸有盐水的吸水纸移去。或者用固定液（如乙醇、汽油等）或沸水将材料灭活，然后放置于波形金属板（如铝板）的夹层中快速烘干。

鳞茎或球茎及肉质直根植物应小心将其从地下挖出，去土，但不要剥掉鳞茎皮。小鳞茎或球茎可纵向切开，大的则应切成片状。压制前应用固定液或沸水将材料灭活，以避免对后续标本压制的影响。

⑥竹类植物的采集。

竹子通常以无性繁殖方式繁衍，一生仅开花一次，结果后即死亡。因此竹类植物的分类鉴定主要依据营养体的特征来进行。采集时，应把秆、竹箨、小枝及竹叶、地下茎等各部分收集齐全。地下茎应小心挖取，并注意它的分枝情况，因为在鉴定时需要以此为依据。

3. 记录

（1）记录内容。

标本采集的野外记录应在专用的野外记录本上进行，主要填写内容包括：

①采集人员时间信息：主要包括采集人、采集编号、采集日期等。采集人员时间信息是标本采集记录中的必填项，如果缺少这一部分信息，所采集的标本就会丧失科学价值。

②采集地点信息：主要包括采集地、经纬度、生境、海拔、坡向等。采集地点信息是标本采集记录的重要条目，是标本信息的最重要组成部分。详细和准确的采集地点记录对于植物分布和区系分析有重要的意义，同时也是后续研究者补充采集或种群资源调查的依据。可以说一份错误的或是模糊的地点记录，对于标本的科学价值的破坏是毁灭性的。

③植株形态及物候信息：主要包括生活型、株高、各器官颜色及形态特征、物候状态、缠绕方向、寄主植物等。采集木本植物时，应注意记录植株全形，如山楂、皂荚的大树基部有枝刺等特征；采集草本植物时，应注意一年生、多年生、土生、附生、石生、常绿、冬枯等习性特征；采集水生植物时，应注意其异型叶的特征，注意观察花的颜色和气味；采集寄生植物或缠绕藤本时，应记录寄主植物或缠绕对象的信息。

④植株名称信息：主要包括土名、科名等。采集植物时应注意收集植物的土名，并简单地对所采标本进行定名，便于后期初步归类整理。

⑤其他信息：对于一些特殊目的采集还需记录特定的采集信息，如经济用途、种群数量、毒性、宿栖昆虫等。

（2）记录原则。

①准确记录原则：野外记录应真实、准确、客观地反映采集活动的信息，对于采集地点信息尤其应注意核对。

②唯一性原则：野外采集记录的采集人和采集号信息应与标本上悬挂的标签信息一致，同一个采集号的标本应对应同一份采集记录。

③完整记录原则：野外记录应尽可能完整、详细，除必须记录的采集人、号、时间、地点等信息外，尤其应注意记录制成标本后容易丢失或无法反映的信息，如生活型、株高、各器官颜色、生境等。一般来说，标本采集记录越详细，标本所包含的科学价值越高。

4.压制干燥

（1）标本压制方法。

压制干燥是制作腊叶标本的关键步骤，对于成型后腊叶标本的观感有直接的影响。传统上腊叶标本是通过将采集的植物标本间隔置于吸水材料中，夹入标本夹内后捆扎，使标本充分压平并析出水分，并根据含水状况及时更换吸水材料，从而使标本充分干燥。这样制作的腊叶标本往往干燥时间较长，通常无法保留原有色彩，制成的标本往往呈现褐色，并有干燥不足的情况，后期储藏过程中容易发生虫害或霉变。同时，更换吸水材料需要耗费大量的时间和精力，影响标本采集的效率。（图9-7、图9-8）

图9-7　标本采集活动通常会在压制标本的步骤上耗费最多的人力和时间

图9-8　压制完成、捆扎好的标本夹

　　近20年来，绝大多数植物学相关工作人员都采用使用暖风机快速烘干标本的方法来进行腊叶标本压制。其中，一个很重要的改良就是将瓦楞纸夹入标本间，利用瓦楞纸的孔隙形成通道，利用暖风机迅速地将标本材料中的水分送走，使标本快速干燥。为了提高烘干效率，减少热量损耗，通常会用塑料布或干衣袋将标本夹上下两侧和暖风机出风口包裹起来，形成通风道，使暖风机热量不散失。（图9-9）对于大多数植物标本，通常一个晚上就可完成压制干燥，仅需对少数未干标本进行再次烘干。对于一些含水量较大的植物体，还可以用波形金属板代替瓦楞纸，提高干燥效率。烘干的方法除了提高工作效率，还可使标本一定程度上保留原有色彩，改善腊叶标本观感。（图9-10）同时，用这种方法压制的标本材料也可最大限度保留基因组DNA，可作为进行分子系统学研究的材料。

图9-9 利用暖风机快速烘干

图9-10 利用快速烘干法制作的腊叶标本——玉竹
[*Polygonatum odoratum* (Mill.) Druce]

除了暖风机外，日晒或加强通风也可达到快速干燥的目的。

（2）标本压制规范及技巧。

①将标本折叠、弯曲或修剪至与台纸相适应的大小，如果弯曲后的茎容易弹出，则可将之夹在开缝纸条里再压好；茎或小枝要斜剪，使之露出内部的结构，如茎部是否中空或含髓；粗茎和根可以纵向切开。

②尽量使枝、花、果、叶平展，尽可能避免叶片重叠，至少翻转一枚叶片，使其背面向上，以便观察叶背特征。

③若叶片太密，可剪去若干叶片，但要保留叶柄以表明叶子的着生位置和着生方式。剪下的叶片可放置于小纸袋中，记录采集号后与原标本材料一同置于吸水材料中干燥。

④大叶片可从主脉一侧剪去，并折叠起来，也可剪成几部分进行压制，但应在采集记录中标明原叶片形态及大小。

⑤革质叶的干燥需很长时间，如果叶片重叠在一起，可在中间夹一条干燥纸，以提高叶片干燥效率。

⑥在条件允许的情况下，翻转一朵花，尽量使花的正、反面都得到展示。筒状花应将花冠纵向切开，额外采集的花可散开放在干燥纸中干燥，以备后期研究观察使用。

⑦如有多余的果实，可分别将部分果实纵向切开和横向切开，以展示果实的纵切面和横切面。如果实个体过大，则可切成片后分别干燥。

⑧如果标本有厚而凹凸不平的地方，可加干燥纸或报纸予以支撑，避免柔嫩的叶子、花瓣因受不到挤压在干燥过程中起皱褶。叠放标本时需注意首尾相错，以保持整叠标本平衡，受力均匀。

⑨对于藤本植物，应顺势盘压，保留自然的形态，不可强行弯折。

三、腊叶标本装订

标本经过干燥后，会变脆且易损坏。因此腊叶标本压制干燥完成后，须将标本装订到台纸上以便于长期保存。标本装订是腊叶标本采集和制作的最后一步，也是腊叶标本成型的关键一步。

标本装订主要有胶粘装订法、纸条装订法、缝线装订法等不同的方法，目的都是使标本牢固地固定在台纸或卡片上，并得到最大程度的呈现。装订时，通常不会局限于一种装订方式，通常会兼用胶粘和纸条装订的手段，对于某些较大、容易掉落的植物器官（如裸子植物的球果等），通常会用缝线法加以二次固定。

1. 材料和工具

台纸或白纸板：用于衬垫和承载标本。台纸要求质地坚韧，具有一定的硬度，能够承托标本，通常为 A3 尺寸大小，约 30 厘米 × 42 厘米。

标签：主要是野外采集记录签和定名签。

碎片包：通常为纸袋形式，用于收纳从标本上掉落的材料或修剪下的花、果等易碎器官。

枝剪：用于修建标本。

胶粘剂：用于将标本、标签粘贴在台纸上，推荐使用的是俗称乳白胶的聚乙酸乙烯酯乳液胶粘剂。

铅块、硬纸板：用于压叠标本，避免涂有胶水的台纸在自然干燥时翘曲。也可用其他块片状重物代替，装有细碎鹅卵石的布袋会是不错的选择。

纸条：将坚韧的纸剪成 4～5 毫米宽的纸条，用于固定标本。

刻刀：使用纸条固定标本时，在台纸上制作切口时使用，通常切口宽度与所用纸条宽度一致。

针、棉线：采用缝线法装订时使用，或用于固定大型植物器官。

2.标本装订技巧

（1）标本排列技巧。

装订标本时，要遵循先装订标本、后粘贴标签的顺序。但是在装订标本前，就应注意考虑安排标签的位置。传统上是将采集签贴于台纸左上角，定名签贴于台纸右下角，碎片小包置于台纸右上角略偏下的位置。在台纸右上角的位置，大型标本馆会加盖一个地名章，通常是省名或国名，以便于存放归类；而台纸左下角区域范围内，通常会加盖馆藏章、台纸号章，近些年进行标本数字化时还会加贴条形码。因此在安排标本在台纸上的摆放时，首先要注意避免覆盖这些区域，如果实在无法避免，仍应先安排标本摆放的空间，后考虑标签的位置。

在粘贴标本前，应首先在台纸上设计、安排标本的摆放形式和位置，主要需要考虑以下几点：

①选取能够最大限度展示植物体特征的最佳面作为标本的正面，以使标本能够展示更多的鉴别特征，方便后期查阅、鉴定。

②如叶片数量较多，挡住花、果等鉴别特征，无法通过排布展现，应摘去此部分叶片，放入碎片包中。

③注意展示叶片的两面，如压制时未将叶片翻转，可摘下一枚叶片并将其翻转粘贴于台纸相应位置，或取下部分叶片放入碎片包中以供检查。如标本仅包含一枚大型叶片，则应切下其中的一部分翻转粘贴于台纸上或放入碎片包。

④在不损坏标本的情况下，应将丛生植株分开，小心清理去除根上携带的土壤，分散粘贴于台纸上。

⑤一张台纸上装订一株以上的植物时，应将所有植株均向上放置，并将面积最大或最重的标本置于台纸底部，防止移动时使台纸弯折。

⑥对于小型或微型植物，如采集数量较多，可在台纸上放置少许，将大部分标本包入纸袋中再装订于台纸上；如数量较少，则应全部置于纸袋中再进行装订。

⑦较大型的标本，应按对角线放置，以获得更大的展示空间。对于某些过大的标本可作适当修剪，原则上应尽量仅对茎干进行修剪。对于一些存放时可能会损坏相邻标本的突出的刺或枝条，在装订时也可剪去。

⑧对于某些花序易碎的标本（如禾本科植物）或仅有一朵花的标本，不应将花或花序粘贴于台纸上，应用透明纸（如硫酸纸等）覆盖其上，粘贴远离标本的

一边，使透明纸既起到保护作用，又能够掀开展示标本实体情况。

（2）标本装订步骤和方法。

①胶粘标本。

标本装订时，首先应选取标本的最佳面，之后将标本放在一张旧报纸的中央，背面朝上，将乳胶从瓶口挤出来，沿着要与台纸接触的茎、枝部位成线状涂抹，然后在叶片边缘涂抹一圈，最后把标本按排布设计小心地粘贴在台纸适当位置，再用湿毛巾将多余的胶擦掉。（图9-11）

②粘贴标签。

粘贴完标本以后，应将野外采集记录签贴在台纸的左上角，紧贴台纸边缘放置，对于较大的采集记录签，应仅粘贴上侧边及左侧边上部，使后期在观察标本时能将其掀起。定名标签通常贴在台纸的下角，如果台纸上有馆藏章，则应将定名签贴至另一侧。碎片包应粘贴在台纸的右上方，以开口朝上或朝右为宜。

图9-11　将标本背面朝上，将乳胶从瓶口挤出来，沿着要与台纸接触的茎、枝部位进行线状涂抹，然后在叶片边缘涂抹一圈。

③压平干燥。

当标本及标签装贴完成后，将标本置于硬质瓦楞纸上，在表面覆盖一张蜡纸，然后再盖一张硬质瓦楞纸。如此把当天装订的标本一层一层地堆叠摆放，最后在最上方标本上加放一张硬质瓦楞纸，在上面平铺铅块或其他平整重物加压，使标本在干燥时仍能保持平整，减少翘曲现象的发生，通常静置一夜后就可完成干燥。

④易脱胶部位加固。

标本装贴干燥完成后，对于一些质地较硬或较为粗大的部位，为使标本装订得更为牢固，可用刻刀在枝条、叶柄、花梗、果梗等处两侧各切一纵口，将纸条从纵口穿入，在台纸背面将纸条拉紧，涂上胶水，把纸条压贴在台纸背面。应注意粘贴纸条不宜过长，每段纸条仅可固定一个枝条、叶柄、花梗或果梗等。纸条加固的工作也可用棉线缝制来代替，可根据实际情况进行调整。对于一些较大的果实、球果、树皮、块根、块茎等，则应用棉线将其绑扎，固定在台纸上，防止脱落。在使用棉线缝扎时，应注意将线结打至台纸背面，另外，还需注意不要对一份标本连续缝扎，这样会在台纸背面形成交错杂乱的线条，影响美观。

四、腊叶标本保藏

1.消毒杀虫

虫害对于标本材料的保藏具有最严重的威胁。野外采集的植物材料中，经常会带有昆虫虫卵或真菌孢子，如不对标本进行处理，当室内气温、湿度升高时，虫卵或真菌孢子就形成虫害或霉变，严重危害标本材料安全。因此在将标本收纳保存前，应对标本材料进行消毒杀虫处理。主要包括化学消杀和物理消杀两类方法。

（1）化学方法。

通常的做法是将装订好的标本浸入升汞酒精溶液中，或用杀虫毒剂熏蒸消杀。化学方法对表面的害虫可有效消杀，但对于内部害虫或虫卵灭杀效果有限。此外，由于对人体危害较大，化学方法在标本馆的标本入馆消杀工作中已很少采用。

（2）物理方法。

通常采用将标本置于 -30℃ 的低温冰箱里进行冷冻消杀的方式对标本进行消杀处理。置入低温冰箱前，应将标本包装至自封袋中，以防止标本回潮。通常情况下 17 小时后标本核心温度降至 -18℃ 以下，之后进入有效冻杀时间。通常 3 小时的有效时间即可冻杀标本馆常见害虫，如小蠹科昆虫等，少数虫卵需要更长时间的冻杀。现有记录表明，常见害虫种类在 -30℃ 冷冻环境下最长的存活时间为 9 小时，因此考虑到制冷时间和有效冻杀时间及实际操作时间，通常封闭冷冻 72 小时以上可满足消杀工作要求。如冰箱温度无法达到 -30℃，则应延长冷冻时间，例如在 -18℃ 的情况下应将冷冻时间延长至一星期。

2. 入柜保藏

完成消杀后的标本可按一定的顺序放入标本柜保藏，供研究人员查阅、研究。由于历史原因，北方大部分标本馆采用恩格勒（Engler）系统排列，南方则多为哈钦松（Hutchison）系统，一些新建的标本馆也有采用基于分子系统学研究的 APG 系统。标本的摆放只是为了方便取用、查询标本，采用何种系统排列并不影响实际使用。

标本的存放环境应注意尽量保持通风良好、恒温恒湿，通常温度在 20℃～23℃，相对湿度在 40%～60% 的环境下，标本能够得到良好的保存，不易发生吸潮、霉变或变形等情况。除在标本存放柜里放置樟脑丸等驱虫剂外，还应定期进行杀虫工作，以保证标本的存放安全。

本章作者：宣晶，中国科学院植物研究所工程师（E-mail：xj@iplant.cn）

第十章　走进国家植物标本馆

——打开这本植物王国的百科全书

　　在北京历史悠久的风景名胜——香山的脚下，坐落着一座极具科学历史意义的研究机构——中国科学院植物研究所。这是中国第一家专门探索植物科学领域的学术机构，其前身可追溯至1928年建立的北平静生生物调查所植物部（以下简称静生所）和1929年建立的北平研究院植物学研究所（以下简称北平院）。中华人民共和国成立后，为了统筹国家的科学发展事业，1950年年初，静生所和北平院连同中研院植物研究所（上海）的高等植物研究部分合并组建为一个科研单位，1950—1952年叫作中国科学院植物分类研究所，1953年更名为今天众所周知的"中国科学院植物研究所"（以下简称植物所）。自诞生之日起，植物所一直是国内植物科学领域的研究重镇，如今在国际学术界的知名度和影响力也越来越高。

　　沿香山路上山，从山上向东眺望，将见到一栋雄壮的建筑矗立于山麓平地，楼体外观色彩素雅，却十分醒目。那便是中国科学院植物研究所国家植物标本馆（国际代码PE，以下简称标本馆）的实体。它之所以显眼，是因为它是香山地区最高大的建筑物了，有6层楼高，占地面积约1万平方米，是植物所乃至香山一带的地标性建筑。（图10-1）

　　一走进植物所的正门，径直朝前望去，即可看到正前方的标本馆大楼。20世纪80年代中期，这栋大楼终于在美丽的北京植物园内竣工，不久正式投入使用，显著改善了植物所标本保存的条件和环境。在此之前，标本的栖身之所是位于今北京动物园里、已被确定为文物保护单位的陆谟克堂——一栋中西合璧的砖砌三层小楼房，建筑面积共2000平方米，由中法文化教育基金会、北平研究院和北平天然博物院用庚子赔款于1934年建造而成。"陆谟克"是对一个法文名的

图 10-1　标本馆大楼

旧音译，现译作"拉马克"，显然"陆谟克堂"是为纪念著名的法国生物学家和遗传学家、"用进废退与获得性遗传"学说的创立者让 – 巴蒂斯特·拉马克（Jean-Baptiste Lamarck）。

　　陆谟克堂虽小而简陋，却曾作为中国近代植物科学的研究基地，容纳了植物所的前身之一北平研究院植物学研究所及后来合并成立的植物所早期在此开展学术工作。可以说，陆谟克堂见证了中国植物科学的诞生和兴盛。当时它的三楼600 平方米，完全作为植物标本室，保存着合并之初植物所的 33.5 万份标本。然而，随着时间推移和学科迅猛发展，植物所采集、接收的标本数量与日俱增，渐渐超过陆谟克堂的承载能力，而且老楼的设施环境已无法满足标本保存及管理的条件需求了。所以，20 世纪 70 年代中期，植物所分类研究室的部分科研人员联名上书给中央领导，请求建设新的标本保存场所。之后得到批示和大力支持，开始选址、规划、动工，终于在香山路南侧的植物园里落成我们今天见到的这座标志着植物所发展迈入一个新阶段的国家植物标本馆大楼。随着标本及研究材料装备从陆谟克堂陆续转移至新建筑，植物所的研究人员也分批入驻香山之麓继续科学工作，由此开启新篇章。

　　经过 90 年的建设和几代分类学家、采集员的奋斗，国家植物标本馆已发展成为全亚洲规模最大的植物标本收藏机构，而且在国内外植物分类学领域，特别是关于亚洲植物的研究方面占有举足轻重的地位。（图 10-2）现馆藏腊叶标本

图 10-2　国家植物标本馆一楼大厅

280余万号，包括30万号苔藓类标本和18万号石松类与蕨类标本。涵盖了《中国植物志》记载的31142种植物中，约95%的石松类与蕨类植物和90%的种子植物的种类；还涵盖了我国产的80%的苔藓植物种类。此外，馆里保藏着8万号种子标本和7万号植物化石标本，其中，从藏品数量看，种子标本库的规模应位居国际同类标本收藏的前茅，而且收藏的种子并不是仅仅源自国内的植物，而是涉及世界各地的植物，这表明种子标本库具有全球尺度的物种多样性，是非常重要且难得的研究素材。另外必须提及的是，国家植物标本馆妥善保存着两万余份宝贵的模式标本，涉及已经发表的植物种名6000余个，这是体现标本馆收藏实力、历史积淀与学术作用的一个重要方面。（图10-3、图10-4）

　　随着照相技术突飞猛进，各种记录并展现自然实体的科技产品不断涌现，人们对标本及标本馆之功能价值的认识和评价似乎越来越低，有人甚至偏激地认为在当代分子生物学技术纵横生命科学领域、数字化技术成为信息存储和传递的最主要手段之情势下，最直接、古老的物种信息载体——标本已失去了研究功能，而只剩古董般的历史意义和特别的观赏价值。这是大错特错的。实际上，从人类开始有意识地把鲜活生物体制作成标本那一刻起，标本就天然具备独一无二、不可替代的功能属性了。

图10-3　国家植物标本馆内标本柜　　　　图10-4　国家植物标本馆内陈设

　　我们生活的周围，随处可见各式各样的植物，有五颜六色、千奇百怪的能够开花结果的被子植物，如月季、牡丹、杜鹃，也有不会开花结果、但能结出种子的裸子植物，如松、杉、柏，还有我们十分忽略的连种子都不会长的苔藓植物和蕨类植物。它们共同组成了一个精彩迷人的植物王国。

　　这是我们最亲近、最依赖，却不太留意的一类生物。据不完全统计，目前已被人类发现的植物有30多万种。而中国是世界上植物种类最丰富的国家之一，根据《中国植物志》记载，我国维管植物有31000多种，约占世界植物种类总数的12%，居世界第三位。可以说，我们就身处在植物王国之中，吃、穿、住、行、玩，每一天都会接触或路过各种植物。但我们有多了解植物呢？比如你叫得出你见到的每种植物的名字吗？是否知道它们各自的生长习性、识别特征、故乡所在地？是否了解它们的家世背景，各有哪些兄弟姐妹，如今定居何方？

　　我们的祖先很早以前就在探索这些植物秘密，从而形成一门基础深厚的古老学科——植物分类学。分类学者面对纷繁复杂的植物王国，要想回答上述的问题，就得近距离观察、研究植物，解析植物的身体语言，才能读懂植物的内心世界。在这个过程中，分类学者需要从野外采集鲜活植物，干燥压制成标本，以一定条件保存起来，作为某个物种的存在凭证，也便于日后进一步研究。随着采集标本的数量剧增，专门收藏标本的空间顺势而生，这便是标本馆了。小型的标本馆又叫标本室。

标本馆的英文名 "herbarium" 源自拉丁语，最初是用来指记录药用植物的书，因为植物分类学最早是研究药用植物的。早在古希腊时期，一些医生就发现某些植物的确具有真正的药物属性，这与我国的中医中药学发展非常相似。后来亚里士多德，尤其是他的学生塞奥弗拉斯特开始研究药用植物以外的种类，撰写了《植物研究》和《植物本原》两本著作，明确记载了数百种植物。随着阿拉伯人将中国的造纸术传到欧洲，现代意义上的标本制作就有了登场的条件。文艺复兴时期，欧洲的植物学家为了对植物形态进行细致观察，将从野外采来的植物压干后粘贴于纸上，制成标本（即卢卡·吉尼的标本制作方法），并作极其详细的描述，以此作为植物分类依据之用。

当我们探讨标本馆的前世今生时，就不得不提到意大利博洛尼亚大学的著名植物学家卢卡·吉尼。1527 年起，他开始在博洛尼亚大学任植物学教授，后到比萨大学教授植物学课程，为便于学生对植物进行直接观察，他曾倡导并负责建立了欧洲首个植物园——比萨植物园。这位才华横溢的教师在制作最早的植物标本过程中，逐渐摸索出一套研究植物的新方法：把植物压干，制成所谓的腊叶标本，并将它们粘到书上，方便学者随时研究，随之创建了第一个压干植物标本集。这种压制方法优势明显，最大程度保留了植物原本的特征，比用素描和颜料表现植物形态的方式更胜一筹。很快地，所有对植物感兴趣的人便看到了吉尼制作的压干植物标本集的好处。该发明不仅促进了新的植物比较方法的诞生，同时为植物归类提供了新的途径，因而获得植物学界一片赞赏，吉尼也因此被誉为植物标本制作技术的开创者。

卢卡·吉尼本人制作并收藏了含 300 种植物的干燥标本集，这份个人收藏可算得上标本馆的雏形了。遗憾的是他去世后，这些植物标本大多流失了，幸好他的学生安德烈亚·切萨皮诺（Andrea Cesalpino）于 1563 年制作的压干植物标本集留存下来，现保存在意大利佛罗伦萨自然博物馆中。吉尼的另一位学生盖拉尔多·蔡博（Gherardo Cibo）于 1532 年建立了世界上第一家植物标本馆。吉尼式的标本制作方法传遍整个欧洲，到 17 世纪，瑞典著名植物分类学家林奈发现这些装订起来的标本集使用起来并不方便，且容易损坏标本，于是建议将标本单独装订，平展保存，这种改良的方法逐渐风靡欧洲，一直沿用至今。约公元 1700 年，法国植物学家图尔内福特采用"herbarium"一词来表示干燥的植物采集制品，后来又被林奈采用并发扬光大。在林奈大师的影响下，"herbarium"一词才逐步发展为专指现代化的植物标本收藏机构。

从上述标本及标本馆的诞生、发展简史可知，标本收藏机构是一座价值连城的宝库，它存储着植物的一切身份信息，包括植物的名称、产地及根、茎、叶、花、果实的特征等，可谓是立体式全方位的植物大百科全书。随着现代分子生物学技术的快速发展，标本作为遗传基因的载体，成为保存物种遗传多样性的基因库，为生命科学研究提供必不可少的物质基础。

标本馆是对植物标本进行收集、保存和编目的场所，是植物学家及业余的植物爱好者学习和研究植物的机构。如果我们想知道某种植物的名称，或者我们想区分所见到的各种植物，那么，标本馆标本就是重要的参考。各种植物个体以整株或部分的形式在标本馆得到很好的保存，标本的种类及数量也随着时间不断丰富和增加，这些标本为当代和未来几代人识别植物和研究植物多样性提供参考资料。一些大型标本馆还保存着几百年前的标本，对植物进化、生态地理和考古研究等都具有重要价值。

总结起来，标本及标本馆天然具备一些无法取代的功能价值：

1. 鉴定及核对标本

标本馆里的标本采自不同时期、不同地点，并伴随着详尽的数据，可通过直接的比较，对新采集的植物进行鉴定和核对，而用其他的方法是不可能做到的。

生活中很多情况下都需要对植物进行鉴定，甚至有时了解植物的名称会显得特别迫切。试想一下，一个孩子因误食某种野果生病住院，医生在采取治疗措施前必须要弄清楚孩子到底吃的是什么野果；考古学家想知道一艘古代沉船是用哪种植物的木材建造的；农民们发现一种入侵的杂草，首先要知道是什么，才能决定如何有效地控制它；工商部门需要知道火锅经营者配料中是否含有使人上瘾的违禁成分（如罂粟果）；而旅行的时候，你一定想知道你吃的某种美味的热带水果叫什么名字。对于非专业人士来说，识别植物或许不是件容易的事，这时候，如果能够有标本来对比，问题就会迎刃而解。

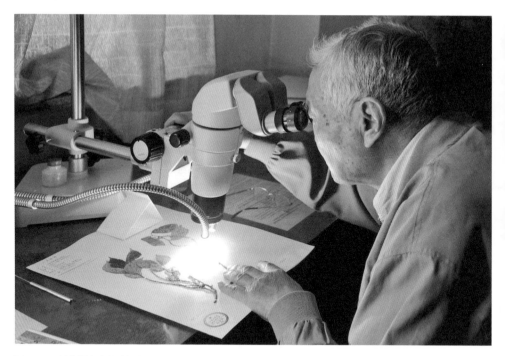

图 10-5　植物学家在鉴定标本

世界上大多数国家位于温带，在这些国家新发现的野生植物种类越来越少，这是因为植物分类学首先是从这里兴起的。特别是在欧洲，植物学家们对植物的研究已长达数百年的历史，这些研究积累使绝大部分的植物种类都被发现并命名。与此同时，大量的专著和出版物为人们提供了很多植物图片资料来指导对植物的辨别。

在热带国家，植物种类更多，生物多样性更强，许多植物不为人们所知，仅仅巴西就有 6 万多种植物，全世界的植物估计会高达 30 万到 40 万种。由于缺乏这些地区的植物知识，鉴定这些地区的植物是非常有挑战的，即使是专业的植物学家也只能通过与其他标本仔细对比才能确定，这也是唯一的途径。

2. 发表植物名称，保存凭证标本——模式标本

植物学家如果发现了一个植物新种，首先需要对它进行描述，并根据《国际植物命名法规》给它一个确定的名称，这个名称是用拉丁文书写的，故称为拉丁学名。

给植物一个确定的命名是非常有意义的，但如果搞错了药用植物和有毒植物的名称，很可能会危及人命，所以，植物学家对丰富多样的植物进行命名也是一件有挑战的工作，他们要保证人们正确使用植物名称。

而给植物确定的命名，同样离不开植物标本的研究，确定植物名称要参考植物标本馆的馆藏标本。1753年林奈基于他所采集的标本命名了一种植物"*Vicia faba* L."（蚕豆），至今这些标本仍然保存在标本馆中，而他命名时所依据的这些标本就是所谓的模式标本。几百年后的植物学家一看到这些标本，就可以知道林奈所命名、所描述的植物长什么样。

目前，全世界大约有285万份这样的命名模式标本保存在各地的标本馆中，它们是这些标本馆的"镇馆之宝"，也是分类学研究积累的反映。模式标本越多，反映分类学历史研究越充分，反之，模式标本越少，反映分类学历史研究力量越薄弱。

除了用于命名的模式标本外，标本馆收藏的其他标本也非常重要。普通标本有利于人们了解生长环境、地理位置、气候变化等对植物造成的影响。例如，在树荫下生长的植物与在阳光充足的环境下生长的同一种植物看起来很不一样，植物鉴定和命名时都要考虑到这些因素。

3. 植物多样性信息资源库

标本馆是一个非常宝贵的植物信息资源库。利用标本馆，我们甚至可以对100年前在某个地方发现的植物与今天在同一地点生长的植物进行比较，从而了解这里100年间生态环境破坏的情况，感受全球变暖的过程。世界自然保护联盟（IUCN）试图对全球物种保护情况进行评估，它的依据就是世界各地标本馆的标本信息，包括标本的采集日期、分布情况等，这样才能做出准确的评估。

通过阅读标本标签上所记录的信息，并结合在实验室对标本样本进行的测量和观察，就可以得到更多的植物信息。植物学家还可以将这些信息记录在电脑上，通过网络传送到数据中心保存起来。正是由于植物标本馆所蕴藏的信息更加全面、具体和权威，才吸引着越来越多的人到标本馆来获取植物相关资料。

4. 研究及编写植物志和专著的基础

标本馆收藏有各种各样的分类群，每个分类群又有许多代表性标本，从而成为研究及编写各类植物志、植物名录和分类学专著最重要的基地，其他分类或命名法问题可以在标本馆材料的帮助下得到解决。如获得国家自然科学奖一等奖的《中国植物志》（图10-6）以及《中国高等植物图鉴》《中国高等植物科属检索表》（图10-7）和《中国蕨类植物科属的系统排列和历史来源》（图10-8）等一系列专著的编研，均以标本馆丰富的标本资源为依托，标本馆的作用无可替代。

图10-6 "《中国植物志》的编研"获得国家自然科学领域最高奖项

图10-7 "中国高等植物图鉴及中国高等植物科属检索表"获得1987年国家自然科学领域最高奖项

图10-8 "中国蕨类植物科属系统排列和历史来源"获得1993年国家自然科学领域最高奖项

5. 开展科普教育的教学基地

标本馆可以为大、中、小学生及社会团体提供植物分类以及其他相关课程的学习和培训，使教学与标本室工作、植物园工作和野外工作结合在一起，达到最佳学习效果。值得一提的是中科院植物研究所标本馆曾两次承担我国航天员的"野外常见植物识别"课程培训。在该课程的授课中，要根据地球上多样的地理分区，对各个区域内主要的可食用植物、有毒植物和药用植物进行识别训练。除了课堂理论教学、实物识别、标本识别、图像识别以外，还要再到室外对照野生植物进行识别训练，和到植物园识别世界各地的常见野生植物。可见，最高精尖的航天科学也离不开植物分类学。

目前世界各国野生珍稀植物种类的破坏现象极为严重，造成这种现象的原因是多方面的，公众对植物多样性保护和植物资源的持续利用缺乏必要的认识和理解，是一个重要的原因。现在孩子们生活的圈子越来越小，他们对五彩缤纷的外部世界充满好奇，但自然界的植物在人类剧烈的经济活动中已离城市越来越远，植物标本馆不仅可以为孩子们，也可以为每一个成年人提供认识自然、认识植物的好课堂。随着人们对植物的了解和认识增多，保护自然、保护生存环境、保护人类赖以生存家园的意识会被逐渐唤醒。

6. 为珍稀濒危植物资源的保护及拯救提供科学依据

随着人类社会的发展，人口剧增，人类活动日益频繁，引起了全球环境的迅速变化，加快了物种的灭绝速度。据国际自然与自然资源保护联盟的物种检测中心估计，全球有10%的物种面临灭绝的危险，任何物种一旦灭绝，便永远不可能再生。将物种以标本的形式保存下来，对于我们的子孙后代是一件功德无量的事业；在标本馆中保藏一个物种，就意味着保存了一个物种的全部基因，就意味着保存了物种的遗传多样性。

在标本馆内藏有很多的珍稀濒危植物标本，而且均有详尽的资料，这为植物的保护提供了基本数据。珍稀濒危植物因其种类稀少、分布区狭窄，或在特殊生境下生长、繁衍后代困难等原因，很容易受到来自人为因素和自然因素等方面的干扰和破坏，受到不同程度的威胁。为保护和拯救它们，我们首先要充分利用标本馆收藏的原始资料，了解这类珍稀濒危植物的特点，然后采取科学的方法与手段来保护这类植物。珍稀濒危植物标本上所记载的详尽资料对保护和拯救措施的制定有着极其重要的作用。

所以，从过去到现在、到未来，标本及标本馆会一直以巨大的实用性在科学研究和社会生活中发挥越来越重要的作用。

自从 16 世纪意大利博洛尼亚大学建立了科学史上第一家植物标本馆之后，数以千计的标本收藏机构如雨后春笋般出现在全球各地。尽管 17 世纪末，标本收藏机构的数量还很少，仅有 13 家，且大部分为私人收藏，但此后 200 年间，标本馆建设则迅速发展。仅最新版的《世界标本馆索引》便记载了全球 180 多个国家的 3400 家标本馆，共收藏了近 3.5 亿份标本。中国首个对外开放的植物标本室要属中国香港植物标本室，该标本室成立于 1878 年，已列入《世界标本馆索引》，其专用代号 HK 国际通用。该标本室馆藏标本主要是本地的维管束植物（蕨类、裸子植物及显花植物），亦有华南其他地区及东南亚国家的标本。而今全国已经建有 300 余家植物标本馆。这其中，有的馆藏标本超过 800 万份，有的可能只有几百份；有的收藏着来自全世界的标本，有的可能只有当地一些常见种类；有的标本已经几百岁，有的可能刚刚入库。但不论规模大小、数量多寡、标本新老，每一个标本收藏机构都是人类努力保存物种原始信息的最佳方式和研究材料集合地。

现代标本馆有两种主要类型：综合标本馆和特殊标本馆。无论哪种标本馆，一般都具备以下功能业务：开展规模不等的分类学研究；撰写专著、植物志和植物名录等；提供外借标本、鉴定标本与发送鉴定名录，及分送副份标本；为植物学家提供研究工作条件；等等。

综合标本馆依据标本覆盖的地理范围又分为国际的、国家（地区）的、地方的三种。

国际标本馆，通常拥有 400 万份以上标本，并尽可能包括全球的代表植物。这些标本馆大多是在植物分类学研究的早期建立起来的，经过一二百年至数百年的发展才形成了现在的规模。综合标本馆收藏着许多模式标本（确定及发表某一植物学名时所依据的标本）和历史性标本，它们吸引着全世界许多学者前来借阅研究。

国家（地区）标本馆，会在地理上覆盖标本馆所在国（地区）及邻国（邻近地区）的所有植物种类。有的国家标本馆历史悠久，如欧洲国家的标本馆；有的比较接近现代。它们经常收藏有模式标本，特别是新近发表的种类。

地方标本馆只收藏一个国家内某一特定区域（省、县等）的标本，甚至只是自然保护区的标本，通常历史较短，也不收藏模式标本，即使有也只有很少的几份。

特殊标本馆规模一般比较小，通常是综合标本馆的分馆，只涵盖一个很有限的地理范围，或为某个特殊的目的而建立。有的是专门收藏古老的模式标本，有的专门收藏特定生态环境的标本（如森林标本馆），有的是专门收藏用于教学的标本。

现阶段，全世界馆藏植物标本量达到 400 万份以上的国际标本馆只有十余家，其中，规模最大的标本馆是法国自然博物馆，收藏了 800 多万份植物标本，其建于 1635 年，主要特色和优势是标本收藏的全球多样性，侧重于非洲、东南亚、欧洲和马达加斯加的标本收集，并以保藏 19 世纪末前后法国传教士采自中国西南各省区的标本著称。除了全球尺度的物种多样性标本外，国际标本馆还拥有大量极具历史意义的老标本和相关文献著作，以及分类学者特有的研究标尺、物种学名的实物载体——模式标本。

与欧洲 480 多年的标本馆历史相比，我国标本馆就显得很年轻，成立最早的香港标本室仅有 100 多岁。早在 1841 年，英国医生海因兹随船来到香港，采集了 140 多种标本，此后又有许多植物学家来港进行采集活动，只可惜这些标本都被带离香港，直到 1878 年香港才成立了植物标本室，并成为中国第一个对公众开放的标本室。

20 世纪初，一批植物学家陆续从国外学成归来，他们和在国内成长起来的植物学家一起，从采集标本入手，开始了我国近代植物学研究，同时逐步建立自己的标本馆。事实上，西方采集者早在明代就开始在中国大量采集标本，但这些标本无一例外地全被带回他们各自的国家。据不完全统计，在过去两百年中，外国人在中国采集了将近 100 万份标本、上千种植物苗木和种子，其中许多是珍稀、重要植物的模式标本，主要集中在英国国家博物馆、邱园植物园标本馆、爱丁堡植物园标本馆、法国自然博物馆、德国柏林植物园标本馆、俄罗斯圣彼得堡植物园标本馆等几大标本馆中，这些标本对他们本国的标本馆和植物分类学的发展贡献巨大，而这一切与中国无关。1910 年，钟观光先生建立了北京大学植物标本室。此后静生所植物标本馆和北平院植物标本馆分别于 1928 年和 1929 年相继成

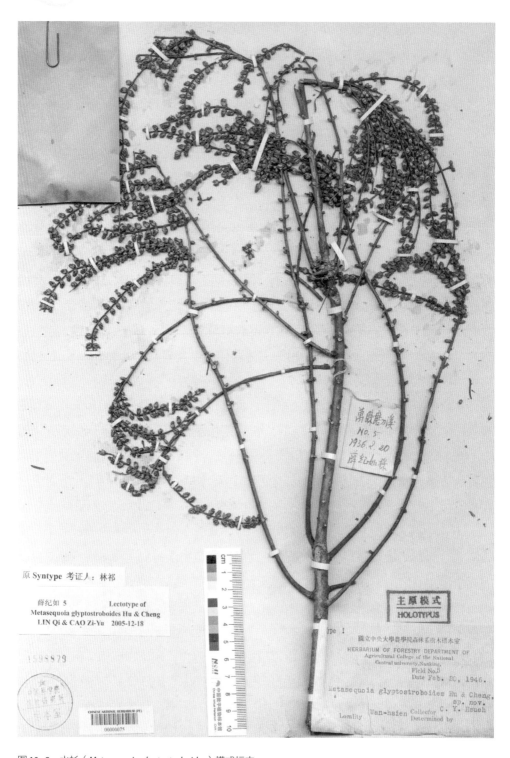

图10-9　水杉（*Metasequoia glyptostroboides*）模式标本

立，并于 1950 年重组成立了中国科学院植物分类学研究所标本馆，这就是今天中国科学院植物研究所国家植物标本馆的前身，当时馆藏标本仅仅 20 万份。

中华人民共和国成立后，我国的标本馆进入了大发展时期，截至目前，我国已经有 300 多家植物标本馆，总馆藏达到 1600 余万份，超过 100 万份标本的大型标本馆有三家，按馆藏量高低排序分别是：中国科学院植物研究所国家植物标本馆，中国科学院昆明植物研究所标本馆（国际代码 KUN，馆藏 140 万份，建于 1938 年），中国科学院华南植物园标本馆（国际代码 IBSC，馆藏 100 万份，建于 1927 年）。

植物标本馆是大自然的缩影，是植物界各类群的"库房"与"家底"。在标本馆中，陈列着来自世界各地的各式各样的植物标本，并附有详细的标签说明，方便人们通过标本认识各种植物。对分类学家而言，标本馆还是工作的最佳场所。有了标本馆，我们大可不必考虑季节和地区的限制，就能轻易地找到我们感兴趣的植物材料，不仅省时间，还方便对不同季节、不同地区的标本进行比较，从而做出更科学的判断。通过研究相关标本，我们可以知晓植物演化的历程，绘制植物过去、现在及未来可能出现的生态和地理分布图。从标本采集标签上，我们能够了解该种植物的形态特征、地理分布、生态环境和物候期等重要信息。（图 10-9）所以打个比方，植物标本馆是分类学者开启植物王国大门的一把金钥匙。而对公众来说，当你走进一座标本馆时，就如同翻开一部植物王国的百科全书，每一个标本柜便是这部百科全书的一个章节，取出一份标本就像打开这部百科全书中的一页，细细品读一番，便会深深沉浸在植物知识的汪洋之中。

本章作者：陈莹婷，中国科学院植物研究所国家植物标本馆高级讲解员
（E-mail：399092743@qq.com）
杨志荣，中国科学院植物研究所高级工程师
（E-mail：zry@ibcas.ac.cn）

附　　录

首届"植物博物学研讨培训班"通知

博物学是一种古老的认知传统、生活方式，为了推进我国博物学事业的发展，中国科学院植物研究所面向基层植物爱好者开办首届"植物博物学研讨培训班"，宗旨是培养一批骨干，关注本地区的植物，通过长期观察、记录、探究来了解家乡、热爱家乡，推动在地环境保护和生物多样性保护工作。

1. 培训信息

时间：2018 年 10 月 16—18 日

地点：中国科学院植物研究所（北京）

主办：中国科学院植物研究所

2. 培训日程

详见附件 1。

3. 培训费用

（1）培训免费；

（2）参训人员城市间往返交通费、住宿费请自行承担；

（3）培训期间餐费、课时费等由组织方承担。

4. 盖章版培训通知

按照相关规定，需要盖章版培训通知的学员，请发邮件至 nsii@ibcas.ac.cn 索取。

5. 推荐酒店和交通信息

推荐酒店：×× 酒店（010-××××××××）

预订方式：请按如下格式将预订信息发短信给 ×× 酒店 ×× 经理（电话：

××××××××××××）：首届植物博物学研讨培训班/姓名/房间数量/住宿时间。预订信息中住宿时间为到店和离店时间。收到确认回复即为预订成功。

交通信息：

（1）在首都机场乘大巴5号线：从机场坐到终点站"中关村站"下车后乘出租车前往推荐酒店，总时长约1.5小时。

（2）在首都机场乘出租车：从机场到推荐酒店出租车费约150元，43千米，约1小时（非高峰）。

（3）北京南站：乘地铁4号线至"北宫门站"下车（约45分钟，5元），换乘出租车或公交563路抵达香山站，步行10分钟到达推荐酒店。

6. 用餐及地点

研讨培训班按照规定提供工作餐，用餐地点是中科院植物所食堂，用餐时间请参考日程表。

7. 联系方式

联系人：肖翠 xiaocui@ibcas.ac.cn（培训内容负责人）

范雪 nsii@ibcas.ac.cn（培训食宿负责人）

张德纯 dechunzhang@ibcas.ac.cn（培训宣传负责人）

8. 温馨提示

（1）为了您本次培训体验感更佳，请自行携带以下物品：水杯、相机、记录笔及本、户外鞋、电脑等。

（2）自住宿酒店至培训地点，步行大约需要10分钟（高德地图可导航"××酒店"到"中国科学院植物研究所"，就会出现路线图）。

（3）天气信息：北京10月16—18日气温为10℃至20℃，请各位学员注意添衣保暖！

（4）植物所可提供免费停车位，开车的学员可到植物所北门向保安说明研讨培训班事由即可。

中国科学院植物研究所

2018年9月20日

附件1 首届"植物博物学研讨培训班"日程安排

北京，2018年10月16—18日

2018 年 10 月 16 日（星期二）上午			
8:00−8:30	签到（植物所牡丹楼 E202 会议室）		
开幕式（植物所牡丹楼 E202 会议室，主持人：刘华杰教授）			
8:30−8:40	植物所景新明副所长致欢迎辞		
8:40−8:50	植物所马克平研究员致欢迎辞		
8:50−9:00	集体合影（领导、教师和学员），李敏负责拍照		
培训（植物所牡丹楼 E202 会议室，主持人：马克平研究员）			
时间	主讲人	工作单位	培训题目
09:00−10:20	刘华杰	北京大学	博物学简史与当下博物学的定位
10:20−10:30	茶歇（仅提供咖啡）		
10:30−11:50	刘华杰	北京大学	在地持续观察与记录：以编写《青山草木》为例
11:50−12:00	讨论		
12:00−13:30	午餐（植物所食堂）		
2018 年 10 月 16 日（星期二）下午			
培训（植物所牡丹楼 E202 会议室，主持人：刘华杰教授）			
时间	主讲人	工作单位	培训题目
13:30−14:30	刘 冰	中科院植物所	APG IV 系统介绍
14:30−15:30	林秦文	中科院植物所	植物摄影技巧
15:30−16:30	宣 晶	中科院植物所	标本制作、装订与保藏
16:30−17:00	走进国家植物标本馆。主讲人：陈莹婷；讲解地址：植物所标本馆		
17:00−18:30	晚餐（植物所食堂）		
2018 年 10 月 16 日（星期二）晚上			
交流（植物所牡丹楼 E202 会议室）			
时间	主持人	工作单位	交流内容
18:30−20:30	肖 翠	中科院植物所	学员经验分享

续表

2018 年 10 月 17 日（星期三）上午			
培训（植物所牡丹楼 E202 会议室，主持人：刘华杰教授）			
时间	主讲人	工作单位	培训题目
8:30—9:30	段　煦	博物学独立学者	全球视角下博物学在科学新闻传播中的应用
9:30—9:40	答疑及讨论		
9:40—10:40	刘　博	中科院植物所	植物分类学在线资源（包括数据库）的使用
10:40—10:50	答疑及讨论		
10:50—11:50	李聪颖	辽宁省葫芦岛市科技馆	植物博物绘画技巧
11:50—12:00	答疑及讨论		
12:00—13:00	午餐（植物所食堂）		
2018 年 10 月 17 日（星期三）下午			
户外培训			
时间	带队老师	培训内容	
13:00—17:00	刘华杰 林秦文	户外实践：博物观察与记录（小西山）	
17:30—18:30	晚餐（植物所食堂）		
2018 年 10 月 17 日（星期三）晚上			
交流（植物所牡丹楼 E202 会议室）			
时间	主持人	交流内容	
18:30—20:30	刘华杰	1. 公民如何记录生态变化、参与生物多样性保护 2. 博物学家的视野：以利奥波德与洛克为例	
2018 年 10 月 18 日（星期四）上午			
培训（植物所水杉楼 309 会议室，主持人：刘华杰教授）			
时间	主讲人	工作单位	培训题目
8:30—9:30	顾　垒	首都师范大学	自然观察和自然教育中的理性之路
9:30—9:40	答疑及讨论		
9:40—10:40	林秦文	中科院植物所	北京及中国北方植物观察
10:40—10:50	答疑及讨论		
10:50—11:50	李　敏	中科院植物所	"花伴侣"——人工智能时代知识服务的新媒介
11:50—12:00	答疑及讨论		
12:00—13:00	午餐（植物所食堂）		
2018 年 10 月 18 日（星期四）下午			
户外培训			
时间	带队老师	培训内容	
13:00—17:00	顾　垒 李　敏	户外实践：观察、记录植物（北京西山森林公园） 学员座谈	
17:00—18:00	晚餐		

续表

2018 年 10 月 18 日（星期四）晚上		
总结（植物所水杉 309 会议室）		
时间	主持人	交流内容
18:00—20:00	刘华杰	1. 学员讨论 2. 会议总结
20:00	离会	

注：培训结束至 10 月 22 日 17:00，需提交一篇培训期间的博物笔记，用于考评培训成绩。

首届"植物博物学研讨培训班"学员名单

首届"植物博物学研讨培训班"从发布通知至报名截止的 23 天时间里，共有 180 人报名，其中 87 人提交作品材料。多个专家经过综合考量，兼顾地域（全国各地的地标）、背景（尽量保持多样性）、基础（有植物分类、摄影或绘画基础）、发展空间（经过培训后某方面有一定的锻炼和提升，并能带动所在地区博物学的发展）等多种因素，最终确定 20 人进入研讨培训班。

1. 陈学达

坐标：西藏

标签：学生　博物学爱好者

个人植语：植迷不悟到小透明。

2. 张晓青

坐标：北京

标签：退休人员　植物爱好者

个人植语：喜爱植物，热爱自然。退休后全身心地投入到自然观察、植物绘画当中乐此不疲！注重平时认真做博物观察日记，爱好摄影，用图片、绘画和文字记录感兴趣的植物。

3. 纪红

坐标：山东

标签：大学教师

个人植语：持续观察和记录山东大学草木月令。著有《安知时节好：山东大学二十四节气》。

4. 苑晓雯

坐标：山东

标签：保护区工作人员

个人植语：热爱自然，钟情植物，享受上山拍摄记录大自然之美的工作方式。

5. 刘利柱

坐标：河北

标签：植物爱好者

个人植语：业余从事太行山植物分类整理工作。

6. 马贝贝

坐标：北京

标签：从事传媒教育工作

个人植语：热爱自然，喜爱博物学。

7. 李波卡

坐标：甘肃

标签：学生

个人植语：对植物分类、生态摄影有浓厚的兴趣，并且有丰富的野外活动经验。曾花大量时间搜集整理兰州及周边地区植物分布情况的资料，同时作了实地考察记录，拍摄了大量植物及生境照片，对兰州地区的植物区系有较深入的了解。著有《安南坝保护区维管植物图谱》。

8. 陈秀娟

坐标：北京

标签：植物爱好者

个人植语：痴迷植物，拍摄植物，躬耕"城南花事"后花园，记录身边花草。

9. 李瑞荣

坐标：深圳

标签：深圳唐颂文化发展有限公司

个人植语：自然博物爱好者、乡土自然观察者。深爱自己的故土，近几年从深圳返回西北老家，持续观察黄土高原渭河上游及西秦岭交汇地区分布野花，已拍摄记录400余种。目前正在撰写在地观察笔记和自然行走类文字，痴迷自然中的"寂静"态。

10. 石运梅

坐标：山东

标签：小学老师

个人植语：喜欢植物，钟情植物。业余时间穿梭于城市公园、山村乡野，观察植物，记录植物；工作时间教书育人，发挥特长，教孩子认植物、画植物、写植物。个人愿望是：呼吁更多的人热爱草木，热爱大自然，保护生物多样性，共同守护我们美丽的家园！

11. 董丽娜

坐标：南京

标签：林业工作者

个人植语：对南京的本土植物有比较清楚的了解，特别是对紫金山的植物有较深层次的认知。热爱自然，热爱植物，希望能以自己的专业所长科普大众，让越来越多的人爱上自然，并主动加入保护自然的队伍中来。在微信公众平台开办个人微信公众号"聊野风"，在微信公众号"科普钟山"开辟科普专栏"董姐姐话植物"。

12. 何瑞

坐标：武汉

标签：博士在读

个人植语：喜欢与公众分享自然、博物的乐趣。擅长发掘植物背后的文化，以之为趣味点撰写科普文章或对公众进行解说。

13. 李辛

坐标：北京

标签：建筑师

个人植语：沉迷自然，特别是对植物和大自然充满了好感与亲近感。

14. 曾欣然

坐标：北京

标签：植物爱好者

个人植语：喜欢植物，资深种子收集爱好者。

15. 刘从康

坐标：武汉

标签：博物爱好者

个人植语：遗落在民间的植物学家。著有《身边的鸟》《武汉植物笔记》两本书。

16. 林捷

坐标：浙江

标签：博物学爱好者

个人植语：创立"草木有语"微信公众号，至今已经发表草木科普文章600余篇，出版个人作品《璜山那些花儿》，参与编写"认识中国植物丛书"华东卷，多次在《花园》《食品与健康》等杂志发表科普作品。参加浙江大学首期植物达人训练营。

17. 熊瑛

坐标：北京

标签：大学老师

个人植语：有绘画特长，接触水彩画两年，接触植物科学绘画半年。有志于业余从事植物标本相关工作。

18. 张赫赫

坐标：北京

标签：自然体验课创办者

个人植语：创建盖娅自然学校。常年观察记录浅山区和农场内的野生动植物。

19. 陈伟

坐标：上海

标签：热爱自然

个人植语：自然能让人沉静下来，希望能和更多人分享自然的美好。

20. 寿海洋

坐标：上海

标签：科普工作者

个人植语：在华东、华北植物方面有扎实的基础，野生植物、栽培植物并举，同时注重理论知识和实际应用相结合，对植物的生长习性及园林应用亦广泛积累经验。

在首届"植物博物学研讨培训班"开幕式上的讲话

马克平

（中国科学院植物研究所研究员）

　　刘华杰老师是中国当前博物学领域最权威的专家，我们能请到刘老师是非常荣幸的。刘老师也非常有热情要办这个研讨培训班，所以我们是一拍即合，把这个事情做了起来。希望这个研讨培训班能使大家实实在在地受益。我刚才在琢磨刘老师打的一张片子，关于博物学的理解是：去观察完整的自然生态系统。但是要作为科学研究，经常见到的一些现象，只能是定性的结论，很难找到原因，很难把因果关系分析判定得很清楚。因为自然系统的因素很多，里面不同组分间的相互作用也很多，所以很难把它分开，搞清楚你看到的现象到底是其中哪个组成部分在起作用。因为太复杂。所以才有了控制实验，把里边你最感兴趣的那一小部分拿出来。做控制实验的时候就很清楚了，比如说水、温度的变化设置不同的梯度，分别去看植物有什么响应，动物有什么响应，所以就能够说得很清楚到底是温度的作用还是水分的作用。但是在自然系统里面，既有水分，又有温度，又有土壤，各个方面都在变，所以你看到植物生长或者死亡，到底是什么原因就不是很清楚。做控制实验把这些因子分离出来，去把因果关系搞得更清楚。但是控制实验也有它的问题，就是它不是一个自然的状态。所以不能完全相信控制实验的结果，还要把它放到自然系统里面去理解，看一看，当很多因子相互作用的时候，有一个什么样的结果。所以观察和实验两个方面都很重要。

　　科学需要有预测性，不能只是描述。在得到一些观察、一些数据以后，通过一些模拟或模型，把最核心的东西抽象出来。其实，做一个模型就是把驱动一个变化最核心的部分抽提出来，变成一个可用数学语言描述的模式，它就可以预测未来可能发生什么变化。控制实验是你做了实验以后得到实验结果，你才知道它有什么变化。有了这些最核心的东西以后，通过数学模拟，不做实验，不去观察，你也知道它未来是什么样子。这种预测性，比如像天体物理（就有）。我一直很羡慕天体物理学家，什么时候日食，什么时候月食，预测得非常准，几秒钟都能预测得非常清楚。这就是它的魅力。所以这几个方面都不能偏废，各有特色。在方法上，最近很火的大数据或大数据相关的人工智能，都在不断发展。我们认识自然界的能力在不断提高。在这样一个飞速发展、非常现代的时期，我们仍然很重视博物学。因为最原始、最根本的东西是在自然界，其他的都是在这个基础上发展起来的。所以大家现在要回归，在重视博物学。在座的各位都是在这方面有基础、很有兴趣的人。我觉得通过这样一个过程，这个培训班，也叫研讨培训班，也就意味着除了老师们培训大家以外，大家也有一个互相交流的机会。我听肖翠说，你们是从报名的近 200 人里面选出来的。另外一方面，我认为做任何事都要有组织、有网络才能做起来。否则一个人在深山里面，观察时间再长，作用也是很有限的。因为每个人做事情，都希望能对社会有一定的贡献，这种贡献一定要大家联合起来。刘老师就是这个方面军的司令员，你们各位就相当于连长、排长。这样形成一个网络，形成一个非常有影响力的博物学的全国性网络。这是未来的一个目标，现在只是一个起点，希望大家共同努力。我们在培训上有个概念叫 rotation training，就是一个不断放大的培训。刘老师在培训你们，你们可以再在你们那儿组织十个八个人搞个进一步培训，逐渐就使这个网络发展得非常快、非常有力量。刘老师可能也讲到，对于自然保护，现在政府有时还很纠结，是保护还是发展，当二者出现冲突时，到底该怎么办。很多地方政府，还是偏向经济发展。这就会对环境、对自然造成很多破坏。我们经常做这种观察，有长期的数据，就可以用证据去说明政府的这些活动、计划、生产、设施等造成的影响。我们要用数据说话，能够支持我们的观点。必须要有长期的、非常扎实的数据积累，才可能得到支持。所以我觉得未来不仅仅是满足我们兴趣的问题，可能还会有非常大的社会责任，提供坚实的数据来支持，以后会有很大的发展前景。

我上个星期去参加哈佛大学标本馆的一个评估，为期三天，评估这个标本馆做得怎么样，下一步还需要哪些改进。虽然我是被邀请去做评估，但对我个人来说，是一个很好的学习过程。参加这样一个评估，他们会把他们标本馆的各个角落都展示出来，一般游人是看不到的，包括库房，会看到里面有很多没有展出的标本，特别是经济植物的标本有很多。他们很有名的就是玻璃花，你要是去过哈佛大学，就会印象很深。给我印象最深的是他们特别重视科普，重视对社会进行保护自然、热爱自然的教育。我印象很深，有六七个研究生参加座谈，有两个最初都不是学生物学的，但现在读的是菌物学的研究生。一个是学雕刻的，年纪挺大，头发都白了，估计有 40 岁了。他说他是去哈佛大学听了几次讨论后就迷上了菌物，后来到菌物标本馆去工作，人家很信任他，钥匙给他，没人监督他。他说他感觉自己像是变成了主人一样，更加激发了他的学习热情。之后他发表了一篇关于美国菌物学历史的论文。后来他就考上哈佛大学菌物标本馆的研究生了。还有一个也是菌物标本馆的研究生，一个小伙子，是哈佛大学物理系的，也是在听了几次讲座后，对菌物学有兴趣了，就不学物理了，考菌物学的研究生去了。我觉得兴趣非常重要，我们大家是在兴趣的驱使下才去观察自然、记录自然，去做博物学的。我希望大家的兴趣能继续保持，我认为大家现在选的这条路是正确的。我们要坚持走下去，而且要联合起来，把这个事情做大。在刘老师的领导下，把中国的博物学发展得更好。谢谢大家！

培训教师及工作人员简介

——培训教师 [*]——

刘华杰

北京大学哲学系教授，博士生导师。博物学文化研究者。入选教育部新世纪人才。近期关注博物学文化与博物学史研究。主要作品有《中国类科学：从哲学与社会学的观点看》《天涯芳草》《博物人生》《植物的故事》《檀岛花事》《青山草木》《勐海植物记》等。

刘冰

博士，中国科学院植物研究所助理研究员。《中国常见植物野外识别手册（北京册）》《中国常见植物野外识别手册（山东册）》作者，参与编写《金沙江河谷四川攀枝花苏铁国家级自然保护区彩色植物图志》《亚洲植物保护进展（2010）》《手绘濒危植物长编》等书。主持国家自然科学青年基金项目和国家标本资源共享平台专题项目各一项，并参与多项国家自然科学基金项目和中国科学院境外机构建设项目。

林秦文

博士，中国科学院植物研究所高级工程师。植物分类：从事植物考察、分类与鉴定工作10多年，个人植物图库超过30万张，包含7000多个物种，并且每年随考察而增加；植物保育：工作期间为植物园引种野生植物数百种，熟悉各类植物迁地保育方法；野外考察：常年开展野外植物考察，足迹遍布大江南北，熟悉南北各地的生物多样性热点地区。

---

[*] 以在此次研讨培训班中授课的先后次序排列。

宣晶

2009 年毕业于北京林业大学野生动植物保护专业，获农学硕士学位。2013 年起，就职于中国科学院植物研究所中国植物图像库，从事植物分类学相关数据库建设、植物图鉴摄影及标本数字化等方面工作。

陈莹婷

生态学硕士，毕业于中国科学院植物研究所，现就职于中国科学院植物研究所国家植物标本馆，负责科普和宣传工作。中国科普作家协会会员，著有《嗑：做一只会吃的松鼠》《台纸上的植物世界》（合著）等书。

段煦

博物学独立学者，自然历史类影片制作机构 NHCC 首席科学顾问。长年致力于南北极与亚极地生态环境与生物的博物学研究，曾多次进入极地，涉足南极大陆、北极冰区及斯瓦尔巴群岛、东非高原及裂谷带、南美巴塔哥尼亚、西南印度洋及南太平洋诸岛屿、马来群岛等地，进行博物学考察及研究。出版有《采药去：在博物王国遇见中药》《斯瓦尔巴密码：段煦北极博物笔记》等科普图书，是上海交通广播"1057 极致探险"系列活动南北极领队科学家，并担纲主持了"冰与火之歌——北极博物学科考全记录""罗斯海日记"等多部自然纪录片。

刘博

中央民族大学植物学老师，中国科学院植物研究所在职博士后，研究方向为东南亚植物多样性与地理分异。目前出版植物学相关著作10余本，发表论文10余篇。

李聪颖

博物手绘爱好者和科普传播者。2014年开始手绘植物，作品累计200余幅。为多部博物书籍手绘插图。多次参与国内各类博物画展。致力于各类线上和线下的博物手绘传播活动。

顾垒

植物学博士，首都师范大学生命科学学院副教授，山水自然保护中心顾问，科学松鼠会成员，养有两只猫和两个娃。教植物学，研究植物系统演化、传粉生态学和保护生物学，说白了就是观察植物怎么做羞羞的事情，如果它们做不好，还要帮它们一下……

业余从事科学传播，近几年写了100余篇科普文，还和媳妇一起拍了80多集短视频《花日历》。擅长辨认植物，但并不满足于只报个物种名称，更愿意和大家分享这些植物生存、繁衍和演化的故事。

李敏

　　中国科学院植物研究所高级工程师。致力于植物分类学成果的应用开发与推广。主持建设了中国植物图像库、中国在线植物志、中国植物物种信息系统、中国数字植物园等系列网站和信息系统，开发了"志在掌握""花伴侣"等应用产品。

—— **工作人员** ——

肖翠

　　生态学硕士，工作于 NSII（国家标本资源共享平台）办公室，从事项目管理工作，常接触来自保护区、标本馆、高校等不同单位的植物、动物、岩矿化石的不同类型的数字化标本资源。工作之余常行走于北京的各个山间，擅长以文字＋照片的形式，以植物为入口和线索，记录在自然行走中的所见所闻所悟。曾撰写过多篇自然观察游记文章，发表在《生命世界》《大自然》等杂志上。2018 年出版书籍《北京自然笔记》。在本次研讨培训班中担任辅导员角色，负责培训的课程设计。

张德纯

　　硕士，NSII 公号小编，就职于中国科学院植物研究所，主要从事项目宣传推广工作。擅长各类文字、图片和视频编排，在本次研讨培训班中主要负责活动的宣传推广等工作。

范雪

河北石家庄人。2017 年开始就职于 NSII 办公室,任文献专员一职,期间负责标本志书整理工作。2018 年参与组织博物学研讨培训班,为学员和老师们提供服务。

实践基地简介

授课地点

中国科学院植物研究所

中国科学院植物研究所地处美丽的北京香山脚下，有着90余年的建所历史，是我国植物基础科学的综合研究机构。研究所以整合植物生物学为学科定位，以植物对环境适应的生物学基础为主要研究方向，以绿色高效农业和生态环境的国家需求为重要研究领域，重点在植物系统发育重建和进化、陆地植被/生态系统与全球变化、资源植物分子与发育生物学、植物信号转导与代谢组学、生物多样性保育与可持续利用等方面开展系统的研究。植物所现有7个研究和支撑部门、10个野外台站、1个亚洲最大的植物标本馆、1个公共技术服务中心和中国生态系统研究网络（CERN）生物分中心。

中国科学院植物研究所

首届"植物博物学研讨培训班"的授课地点选在中国科学院植物研究所，一方面因为植物所的植物元素（整个研究所紧紧围绕植物开展工作）和植物氛围

（有2000多种植物），另一方面因为这里对待植物的严谨，从植物分类、植物研究到植物科学画、植物科普等都做得有声有色。中科院植物所为此次培训班提供了良好的软硬件支持。

实践地点一

小 西 山

小西山，又名香峪大梁，是距离北京市区最近的野山，属于西山山脉，与北京植物园、香山等相连。主峰海拔797米。在小西山能够看到北京低海拔山野的常见物种。从北京植物园的樱桃沟可以直接攀爬至小西山的盘山公路，一路沿着盘山公路，可以看到不同的植物种类。

首届"植物博物学研讨培训班"的实践地点选在小西山，主要是希望学员能够在老师的带领下，学会在野外如何观察植物，了解应该探索植物的哪些特性。

学员在小西山实习

实践地点二

西山国家森林公园

西山国家森林公园位于北京西郊小西山，地跨海淀、石景山、门头沟三区，总面积5970公顷，海拔300米至400米，属暖温带大陆性季风气候，林木多为夏绿阔叶林，森林覆盖率98.5%。

首届"植物博物学研讨培训班"的实践地点选在西山国家森林公园，是希望学员能在老师指导下，感受随着海拔高度的变化，植物种类发生的细微变化。10月中下旬的西山森林公园，正是一片红色的树叶海洋，希望每个学员能用自己的博物学"眼睛"探索实践基地的博物之美。

学员在西山国家森林公园实习